Edouard Koverski

AF891534

Notice sur la carte de la Russie d'Asie et des pays limitrophes

Elibron Classics
www.elibron.com

Elibron Classics series.

ISBN 0-543-78362-6 (paperback)
ISBN 0-543-78361-8 (hardcover)

This Elibron Classics Replica Edition is an unabridged facsimile
of the edition published in 1900 by Académie impériale des sciences,
Saint-Pétersbourg.

NOTICE

SUR LA CARTE DE LA RUSSIE D'ASIE ET DES PAYS LIMITROPHES

par

E. KOVERSKI

Saint-Pétersbourg

Imprimerie de l'Académie impériale des Sciences.–
Wass.-Ostr., 9 Ligne, № 12.
1900

E. Koverski.

NOTICE

SUR LA CARTE DE LA RUSSIE D'ASIE

ET

DES PAYS LIMITROPHES.

Напечатано по распоряженію Главнаго Штаба Военнаго Министерства.

IMPRIMERIE DE L'ACADÉMIE IMPÉRIALE DES SCIENCES.
Vass.-Ostr., 9 Ligne, № 12.

Table des Matières.

Carte

de la Russie d'Asie et des pays limitrophes, avec indication de l'itinéraire du voyage de S. M. l'EMPEREUR NICOLAS II, alors grand-duc *Héritier*, en 1890—1891, et du tracé de la grande voie Transsibérienne.

Dressée sous la direction du lieutenant-général d'état-major E. Koverski, membre du Comité scientifique de l'Etat-major, et exécutée par A. Zoune, topographe militaire, cartographe.

Publiée par l'établissement cartographique de la Section topographique, avec l'autorisation de l'Etat-major général de l'armée.

ÉCHELLE.

1/8.400.000

200 160 120 80 40 0 200 400 km.

Obs. 1° A cause de la position en longitude de la Russie d'Asie, nous avons dû nous servir de la projection conique de K. F. Gauss.

2° Conformément à la proposition faite en 1884 par la conférence internationale de Washington, le méridien adopté est celui de Greenwich.

3° La présente Notice a été rédigée avec le concours de M. C. Perret, professeur de langue et littérature françaises au Lycée Impérial Alexandre et au Corps de cadets Alexandre.

1900.

Légende.

1⁰ Route suivie par Sa Majesté l'EMPEREUR NICOLAS II, en 1890—91.

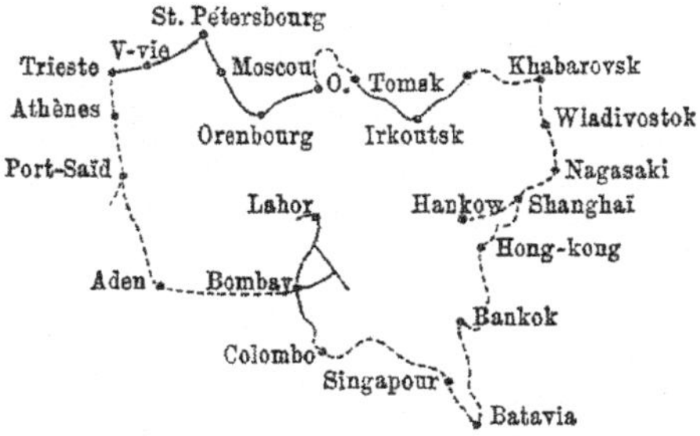

Obs. I. La ligne pleine indique le chemin parcouru par terre, soit . . . 21.400 km.

II. La ligne interrompue — le parcours par mer et sur les rivières, soit . . . 33.100 km.

2⁰ Domaines privés de Sa Majesté l'EMPEREUR régnant:

le Mourgab. l'Altaï. Nertchinsk.

3º Chemin de fer transsibérien de Tchélabinsk à Wladivostok, 6533.14 km., avec les embranchements: Tchélabinsk — Ekathérinbourg, 240.84 km., Taïga-Tomsk, 95.34 km., Kaïdalovo — Srétensk, 264.78 km., Khaarbine — Port-Arthur, 1017.92 km., de Kazen-pou à Ta-lien-van, 17 km., Nikolsk—Khabarovsk, 655.90 km.

Ligne Perm — Kotlas, 866.71 km.

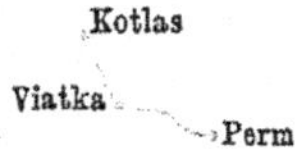

4º Levés des topographes militaires.

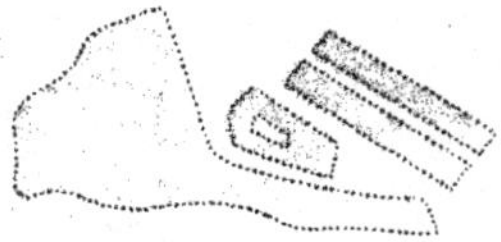

5º Levés des géodésistes anglais.

6⁰ Levés des topographes civils, (géomètres du cadastre).

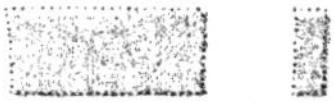

7⁰ Route suivie par les voyageurs russes [1]).

8⁰ Route suivie par les voyageurs étrangers [1]).

[1]) Chacun de ces deux itinéraires est accompagné d'un numéro de la même couleur et correspondant au nom du voyageur sur la liste générale dans la 1-re annexe de la Notice, où ils sont donnés en noir.

3 Fritjof Nansen.
4
5
6
11 Middendorf et Vaganoff.

9⁰ Territoires des Cosaques.

10⁰ Gisements d'or.

11⁰ Terrains houillers. = =

12° Région des charbons de terre.

13° Sources de naphte.

14° Forêts de l'état de la Sibérie occidentale.

15° Frontière du territoire russe.

16° Limites des arrondissements militaires.

17° Limites des provinces et des gouvernements.

18° Grande muraille de la Chine.

19° Chemins de fer en exploitation.

20° Chemins de fer projetés.

21° Lignes télégraphiques en exploitation.

22° Cables télégraphiques.	
23° Chaussées.	
24° Routes postales avec stations.	
25° Chemins de caravanes et de muletiers.	
26° Cols.	
27° Indication des différents caractères employés pour les **VILLES**, **Villages**, *Hameaux* etc.	**TCHITA.** **Aïgoun.** *Blagoslovennoé.*
28° Altitudes en chiffres noirs et comptées en pieds russes, valant 3.048 décim. Par exemple, le nombre „8.040" dans la province de Transbaïkalie indique l'altitude en pieds du sommet Tchikondo.	*Tchikondo* *8.040.*

29° Temples d'idoles. ⌂

30° Noms soulignés en couleur de certaines localités mentionnées dans la Notice. *Srétensk. Kaïdalovo. Nagadan.*

31° Endroit à 72°30′ de latitude nord et 140°40′ de longitude, où a été trouvé le mammouth du musée zoologique de l'Académie des sciences de St.-Pétersbourg. ▪

32° Ports militaires. ⚓

33° Golfes, baies, lacs, cours d'eau avec indication des parties navigables, canaux, etc.

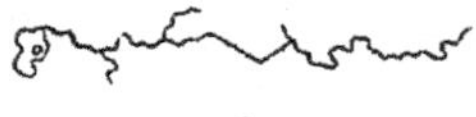

34° Plaines marécageuses (taïga).

35° Marais...............

36° Sources, puits des steppes, etc, etc.

Obs. 1⁰ Les signes restants sont à peu près identiques à ceux employés sur les cartes générales de tous pays.

2⁰ Etant donnée l'exiguïté de l'échelle de notre carte, le domaine impérial du Mourgab peut facilement échapper à l'attention; c'est pourquoi nous avons cru nécessaire d'en préciser la situation par rapport à la ligne de l'Asie Centrale, qui le serre de très près, à l'aide du dessin schématique suivant:

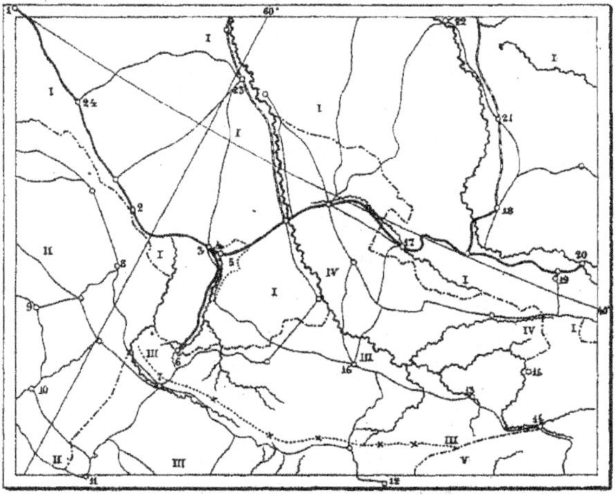

Éch.: 1/8.400.000. 60° de Greenw. 40° paral. I L'empire de Russie. II Khorassan. III Afghanistan. IV Boukhara. V Kafiristan. 1 Krasnovodsk. 2 Askhabad. 3 Merv. 4 Baïram-Ali. 5 Domaine Impérial du Mourgab. 6 Poste du Kouchk. 7 Hérat. 8 Méshed. 9 Badjistan. 10 Birdjand. 11 Lach. 12 Kaboul. 13 Faïsabad. 14 Kala-Piandj. 15 Tach-Kourgan. 16 Masar-i-Chérif. 17 Samarkand. 18 Tachkent. 19 Novy-Marghélan. 20 Andijan. 21 Turkestan. 22 Perovsk. 23 Khiva. 24 Kisil-Arvat.

3⁰ La ligne de l'Asie Centrale, 2046.25 km., est formée de deux parties construites à des époques différentes: celle de Krasnovodsk — Samarkande, 1509.80 km., appelée autrefois ligne Transcaspienne, et celle de Samarkande à Andijane, 536.45 km.

4⁰ A 28.36 km. à l'est de Merv, distant de Krasnovodsk de 898.41 km., se trouve la station de Baïram-Ali, au sud de laquelle est situé le domaine impérial du Mourgab, traversé par l'embranchement du Mourgab. La construction de cet embranchement (Merv — Poste de la Kouchka, 314.77 km.), fut entreprise sur l'initiative du général A. KOUROPATKINE, actuellement ministre de la guerre, le premier clou enfoncé par lui le $\frac{27\text{ Avril}}{8\text{ Mai}}$ 1897, et le trafic ouvert le 4/16 Décembre de l'année suivante.

5⁰ Au point de départ de la ligne Samarkande Andijane[1]), sur un des rochers formant la porte de Tamerlan, a été fixée une plaque de cuivre surmontée d'un aigle de bronze doré. Sur le fond sombre de la plaque se détache en lettres d'or l'inscription suivante:

NICOLAS II
EN 1895 ORDONNA
LA CONSTRUCTION DE CE CHEMIN DE FER
EXÉCUTÉ EN 1898.

De cette ligne se détachent les tronçons suivants: Tcherniaévo — Tachkent, 155.95 km., et

1) Préposé aux travaux A. OURSATI, ingénieur.

Gortchakovo, (Khadja-Maghir),— Novy Marghelane, 65.09 km.

6⁰ A l'heure actuelle les ingénieurs terminent les études sur la direction à donner à une voie devant prolonger la ligne Pétersbourg-Alexandrow Gaï jusqu'à la station Amou-Daria de la ligne de l'Asie Centrale, située à 1141.69 km. à l'est de Krasnovodsk, et qui portera à 3580 km.[1]) le total de longueur de Pétersbourg à la susdite station.

---

[1]) De Pétersbourg à Alexandrow Gaï, par Moscou, Riazan, Kozlow, Tambow, Atkarsk, Saratow et Ourbakh — 1765.89 km. De Alexandrow Gaï-Amou-Daria, par Koungrade, la distance est évaluée à 1814 km.

Avant-propos.

En 1894, sous le présent titre, nous avons dressé une „Carte de la Russie d'Asie et des pays limitrophes". Ce travail basé sur la „carte générale de la Russie d'Asie" à l'échelle de 1/4.200.000, 1884, et édité par l'établissement cartographique de la Section topographique de l'Etat-major, est retouché de temps en temps par les topographes militaires sous la direction du géneral major A. Bolchef, actuellement chef du susdit établissement.

En 1896, la Société Impériale de Géographie a imprimé notre aperçu „Travaux géodésiques ayant trait à la construction du Transsibérien", basé en grande partie sur des matériaux inédits. Ces deux travaux ont figuré en 1896 à l'Exposition générale de l'industrie et des arts russes de Nijni-Novgorod, et ont mérité le diplôme de 1-re classe dont voici la teneur: „pour carte remarquable de la Russie d'Asie, en connexion avec les résultats de vastes travaux géodésiques exécutés à l'occasion du tracé de la voie transsibérienne".

L'appréciation dans les termes les plus élogieux par le jury de l'original des éditions susmentionnées, fruit d'un travail assidu accompagné de frais considérables, est sans doute pour nous la plus belle des compensations; il faut cependant avouer que cette opinion si flatteuse n'est pas également justifiée pour toutes les parties de notre ouvrage, l'exécution d'une carte de la Russie d'Asie, également complète dans toutes ses parties, restant encore dans le domaine des rêves.

En vue du fait que les susdites publications n'ont jamais été mises en vente, et que les données de la Notice accompagnant la présente carte seront empruntées à l'Aperçu, nous prenons la liberté de dire quelques mots sur les travaux préalables à la composition de la Notice même.

Par une heureuse coïncidence, au moment où nous recueillions les matériaux nécessaires à notre travail, il se produisait deux faits remarquables pour le développement de la connaissance topographique de notre vaste territoire, savoir:

1° La S. I. R. G.[1]) étudiait, dans un but d'utilité publique, les moyens de donner aux travaux

1) L'abréviation S. I. R. G. signifie „Société Impériale Russe de Géographie".

géodésiques de chaque ressort une direction profitable à la cartographie, sans perdre de vue le but particulier de sa juridiction.

2° Par suite de la décision de feu S. M. L'EMPEREUR ALEXANDRE III de mettre en oeuvre la construction de la voie transsibérienne, et des différentes questions soulevées dans l'intérêt de la Sibérie, les topographes militaires et civils, (ces derniers correspondant aux géomètres du cadastre des autres états européens), sont devenus indirectement les instigateurs de notre ouvrage.

Grâce à ces circonstances particulièrement favorables et à l'obligeant concours des diverses juridictions, qui nous ont fourni une quantité de constatations nouvelles, nous sommes à même de nous baser sur des données exactes pour offrir dans notre aperçu les indications suivantes: 1° Les problèmes poursuivis parallèlement à la grandiose entreprise du chemin de fer transsibérien, et les dépenses supportées par le Gouvernement Impérial.

2° Le nombre des topographes employés chaque année au levé des plans sur notre territoire; les problèmes qu'ils poursuivent; les parties de la Russie où sont exécutés les travaux; l'importance de ces travaux pour la cartographie, enfin les écoles où sont formés nos topographes. Nous avons groupé ici, pour la première fois, les données nécessaires pour résoudre un jour la question de l'unification des levés de plans des différentes juridictions, sans détourner les géomètres du cadastre de leur but direct.

Nous disposions des données indispensables pour reproduire les travaux exécutés par les topographes militaires et les géomètres du cadastre dans tout l'Empire, et particulièrement le long du tracé du chemin de fer transsibérien. Si nous nous sommes borné à l'édition d'une carte de la Russie d'Asie, la cause en est au grand intérêt d'actualité que présente tout ce qui a trait à la Sibérie, le Transsibérien tenant à l'heure qu'il est le premier rang dans les préoccupations de toute la partie éclairée de la société russe, et toutes les branches de l'administration rivalisant de zèle pour la réalisation des buts proposés par le Comité du Transsibérien.

Les travaux topographiques ayant été exécutés simultanément aux mêmes endroits, il nous a été facile de constater les amplifications à apporter dans ces travaux pour les adapter à notre but. Nous ajouterons qu'une étude trop détaillée de tous les matériaux dont nous disposions nous aurait mis dans l'impossibilité de consacrer tout le temps nécessaire à la composition de notre carte de la Russie d'Asie et de compléter cet ouvrage en y faisant figurer les nombreux itinéraires des voyageurs russes [1]), dont plusieurs

---

[1]) *Obs.* 1° En 1875, dans un travail présenté au Congrès des géographes à Paris, M. Vénukoff, général-

jouissent d'une célébrité incontestable et universelle. Quoique ce ne fût là qu'une énumération rapide et forcément incomplète, notre carte fut annexée à „l'Histoire du cinquantenaire de la S. I. R. G., 1845—95", ouvrage dont l'exécution fut confiée à M. le vice-président de la Société, P. Séménoff, en collaboration avec A. Dostoïévsky, et qui a été publié en 3 vol., en 1896.

Enfin, le lecteur voudra bien nous pardonner quelques détails purement personnels: atteint d'une maladie grave en 1895, au moment de la première édition de la carte et de l'aperçu susdits, j'avais profité du temps de ma convalescence pour compiler et rédiger ces ouvrages dont j'avais cru de mon devoir de faire un communi-

---

major en retraite, avait eu l'occasion de nommer 270 personnalités qui s'étaient occupées de recherches géographiques dans la Russie d'Asie pendant la période de 1854 et 1874.

2° Dans la „Revue de Géographie", 1883, numéro de septembre, M. Vénukoff a publié une Carte du littoral est de la Sibérie, avec une notice donnant une idée générale de la marche des travaux géographiques dans cette contrée.

3° A. Bolchef, général-major, subventionné par le Ministère des finances, a marqué sur la Carte générale de la Russie d'Asie de 1884, à l'échelle 1/4.200.000, les itinéraires des voyageurs russes ainsi que les levés des topographes militaires (exclusivement). Le manuscript original a figuré à l'Exposition de Chicago en 1893.

qué à la S. I. R. G., sous forme d'un résumé concernant la construction du Transsibérien et l'organisation du service géodésique en Russie. J'ai publié la première partie de ce résumé dans „l'Invalide russe", en 1895, №№ 40, 41 et la seconde plus tard, en 1897, dans la „Revue militaire", № 1.

Depuis il a paru en différentes langues toute une série de travaux d'une grande importance, tels que: les travaux de la Sous-commission du Comité de la voie transsibérienne sous la présidence de M. le Secrétaire d'Etat A. Koulomzine, ayant pour objet l'examen des questions qui se rapportent aux entreprises auxiliaires concourant à la construction du Transsibérien et en découlant; les ouvrages des géographes distingués qui se sont consacrés à l'étude de la Sibérie; les éditions du ministère des finances, qui nous ont fourni des renseignements aussi nombreux qu'intéressants sur la géographie de cette contrée et des pays limitrophes.

Ce sont là les raisons qui nous ont porté à refondre, au fur et à mesure, notre carte, en généralisant les données, en supprimant quelques détails et utilisant les indications nouvelles qui nous ont paru importantes. Tout en travaillant, nous n'avons point perdu de vue que la qualité principale d'une carte est la clarté. En partant du principe: „mieux vaut faire peu, mais bien", nous croyons être parvenu à rendre notre Carte des plus compréhensible, sans nous perdre dans des détails inutiles, afin de lui donner une portée pratique.

Toutefois, nous n'avons pu, malgré son exiguïté, nous abstenir de la compléter en y ajoutant un nouvel élément d'intérêt par l'indication de la marche des découvertes géographiques dues aux voyageurs étrangers. Pour cette dernière partie, un de mes distingués collègues, qui a consacré une grande partie de son temps à une étude approfondie de l'Asie, a bien voulu m'accorder sa coopération; ce collègue a désiré garder l'anonyme. La présente carte rédigée en russe, étant appelée à figurer à l'Exposition de 1900, ainsi que nous verrons plus tard, nous avons cru indispensable d'y ajouter une Notice en français.

Notice.

L'Exposition universelle de 1900 à Paris est le moment le plus favorable pour appeler une fois de plus l'attention du monde entier sur cette pléiade d'éminents voyageurs aussi intrépides qu'infatigables, auteurs de travaux d'une grande importance pour l'avenir de la Sibérie et dont les explorations, dignement couronnées par le voyage de S. M. l'EMPEREUR NICOLAS II, nous ont démontré d'une manière évidente toute la nécessité de la voie ferrée transsibérienne.

C'est une justice à rendre au Comité du Transsibérien, que de constater ici la persévérante énergie dont il fait preuve, non seulement en ne ménageant rien pour la réalisation, dans un but d'utilité générale, de la colossale entreprise du Transsibérien, mais encore en cherchant à augmenter le bien-être des populations de la Sibérie, et en répandant sur toute l'étendue de ce vaste pays les bienfaits de l'instruction morale et chrétienne.

Ce sont là les motifs qui nous ont poussé à choisir l'heure présente pour la publication de notre „Carte de la Russie d'Asie et des pays limitrophes", ainsi que du petit opuscule qui l'accompagne et contient les renseignements suivants: 1° Un aperçu des travaux du „Corps des topographes militaires" sur lesquels est basée la cartographie de l'Empire, ainsi que des levés exécutés par d'autres juridictions indépendamment de ces topographes et des acquisitions géographiques dues aux voyageurs. 2° Une brève relation du voyage effectué par S. M. l'EMPEREUR NICOLAS II, alors *Grand-duc Héritier*, en 1890—91, accompagnée de la carte spéciale de ce voyage. 3° Quelques observations générales sur la présente carte. 4° Un exposé de l'organisation du „Comité de la voie transsibérienne" et des différentes commissions instituées pour diriger la construction du Transsibérien. 5° Quelques remarques sur les questions présentant un intérêt spécial pour la Sibérie.

Les explications nécessaires pour la compréhension de ces données sont coloriées selon les teintes conventionnelles (page IX).

Les mesures russes sont transférées en leur équivalent métrique; les points les plus importants mentionnés dans cette Notice sont indiqués approximativement ou soulignés sur la carte; enfin, tous les renseignements sont rédigés d'une manière sommaire, afin de ne pas fatiguer l'attention, et groupés par paragraphes, comme suit:

§ 1.

Le Corps des topographes militaires. Le 22 Janvier 1822, jour où fut formé ce corps spécial, doit être regardé comme la date à partir de laquelle les travaux astronomiques, trigonométriques, topographiques et cartographiques furent conduits avec système.

Sur la surface de la partie occidentale du territoire de la Russie d'Europe les levés appuyés sur plusieurs réseaux de triangles, ou sur les points déterminés par des observations astronomiques, furent exécutés avec la plus grande précision, à l'échelle de 1/42.000. Cependant ces levés ayant été faits à la hâte, le nombre des altitudes était restreint, et, par conséquent, l'orographie exprimée approximativement par des hachures. Néanmoins, ces travaux furent utilisés par la Section topographique de l'Etat-major pour l'édition d'une „Carte topographique militaire", à l'échelle de 1/126.000, qui comprend 3.676.000 kilomètres carrées, constituant à peu près les $^2/_3$ de la superficie totale de la Russie d'Europe — environ 5.367.000 kilom. Cette carte est encore à présent d'un grand secours pour les troupes en campagne.

Après avoir pourvu à ce premier besoin de l'Etat, la tâche du Corps des topographes militaires fut limitée. A partir de 1877 leurs travaux portent exclusivement sur les localités situées le long de notre frontière, et occupant une zone assez large; l'échelle est de 1/21.000; l'orographie, mieux précisée, est rendue par des courbes de niveau. Ces levés à la planchette sont d'une grande précision; ils se rattachent à des points déterminés trigonométriquement; le nivellement des points principaux et secondaires est exécuté simultanément avec la triangulation. L'altitude résulte de la moyenne d'un grand nombre d'observations réciproques; les sections horizontales, réduites à leur position dans l'espace, constituent une sorte de carcasse géometrique du terrain. En un mot, l'échelle de 1/21.000 est strictement observée dans tous les détails. Ces levés, commencés à la frontière occidentale, atteignent aujourd'hui le méridien 4° 4′ de Pulkowa ou 34° 22′ 22″5 de Greenwich, n'embrassant ainsi que la moitié environ de l'étendue relevée à l'échelle moins précise (1/42.000), observée avant 1877.

La surface de la Russie d'Asie, entre la mer Caspienne et les monts Ourals d'un côté et l'océan Pacifique de l'autre, comprend environ 21.320.000 km. Cette immense partie de notre empire ne présentant qu'un intérêt secondaire, à cause de l'absence totale de culture, les réseaux de triangles ont été remplacés par des séries de points astronomiques isolés, et, souvent, la boussole a été substituée à la planchette. Ces travaux ayant été exécutés uniquement en dépendance des intérêts locaux, n'offrent pas l'unité désirable, et l'échelle, variant de 1/210.000 à 1/84.000, n'a atteint 1/42.000 que dans quelques cas isolés. Afin de systématiser cet ouvrage, le ministère de la guerre a organisé depuis 1864 dans différents points des provinces éloignées, à Tiflis, à Omsk, à Taschkent, à Irkoutsk, et à Khabarovsk des sections topographiques permanentes, malheureusement trop peu nombreuses, ayant pour but le levé de plans précis des circonscriptions susmentionnées. Cependant, grâce à l'activité du Comité du Transsibérien, l'étude du continent asiatique a fait des progrès sensibles pendant les dernières années du siècle. Ainsi, en 1893, les 50 topographes militaires occupés jusqu'alors dans la Russie d'Europe furent envoyés en Sibérie pour servir d'auxiliaires aux ingénieurs des voies et communications[1], et concourir à l'exécution des recherches ayant pour but de déterminer la direction du chemin de fer projeté.

Pour les contrées que devaient traverser les sections suivantes du Transsibérien: la ligne de contour sud-baïkalienne, la section transbaïkalienne, amourienne et oussourienne, les levés précis n'existaient pas. L'exécution, par les ingénieurs mêmes, de levés de plans ininterrompus sur une grande échelle, aurait retardé les recherches. On sait que les topographes militaires n'ont

[1]) Correspondant aux ingénieurs des ponts et chaussées, en France.

pas de rivaux dans l'art de fixer les points de repère et les directions, à l'aide desquels il n'est plus difficile, sans avoir recours à des levés ininterrompus, d'obtenir des plans précis des localités les plus accidentées. En conséquence, ce sont ces topographes qui furent chargés de la détermination de l'altitude des chaînes de montagnes des lignes de partage des eaux, des thalwegs ainsi que de la fixation des points favorables à la construction des ponts sur les cours d'eau, en un mot — de donner un tableau exact de la topographie des régions traversées par les sections susmentionnées.

En même temps, le long du tracé approximatif, les ingénieurs ont exécuté des travaux de nivellement en suivant les lignes courbes tracées d'avance; ils ont rattaché les altitudes de certains points aux repères désignés pour l'emplacement des constructions; déterminé les limites des bassins, le cours et l'étiage des rivières, la profondeur et la direction des ravins; les conditions de congélation du sol; ils ont recueilli des données sur la quantité de pluie tombée, les forces productrices des contrées en question, et fourni, en outre, des renseignements sur les contingents d'ouvriers, les matériaux de construction, etc.

Ici nous nous permettrons d'attirer l'attention sur le fait que ces recherches ont été effectuées dans des conditions exceptionnelles, les levés n'ayant pas, comme c'est la règle, précédé les recherches d'un an ou deux, mais ayant pu être livrés aux ingénieurs au moment voulu, grâce à l'habileté des topographes militaires.

Ces topographes ont encore prêté leur concours aux ingénieurs des mines en dressant la carte topographique qui devait servir de base à leurs explorations géologiques (§ 11).

Les levés de ces 50 topographes, soit dit en passant, fort bien rémunérés, furent immédiatement utilisés pour rectifier les nombreuses inexactitudes qui enlevaient toute valeur à la carte déjà existante. Les levés des topographes militaires, si appréciés par les géographes, sont désignés sur notre carte par une teinte particulière (v.p.x).

Obs. Le tracé des cartes générales, tant chorographiques que topographiques est exclusivement confié, en Russie, aux topographes militaires, relevant de l'établissement cartographique de la Section topographique de l'Etat-major. Cette institution est chargée d'établir, conformément à l'étendue et à la configuration des espaces en question, l'échelle et les projections pour le calcul du réseau cartographique; les points dont les coordonnées geographiques ont été déterminées à l'avance, sont portés sur ces réseaux, constituant ainsi la base des levés qui entrent dans la composition de la carte générale.

La reproduction de ces cartes est effectuée par le susdit établissement.

*

Le Ministère de la marine n'exécute que les cartes hydrographiques.

Quant aux autres ressorts et aux particuliers ils ne font que modifier, dans un but d'adaptation à leurs besoins, les cartes du Ministère de la guerre, pour les reproduire, le plus souvent au moyen de la chromolithographie.

§ 2.

Les officiers de la Marine, tout en poursuivant leur but spécial, pratiquent des observations astronomiques et même exécutent des levés sur les côtes maritimes et les bords des lacs.

De temps en temps, le ministère de la marine envoie des expéditions chronométriques pour déterminer la position géographique et lever des plans des côtes de la Russie d'Asie, baignées par l'océan Glacial et par l'océan Pacifique. Ces plans, qui ne comprennent qu'une bande étroite du continent, quoique ne se distinguant pas par leur exactitude, présentent l'avantage de se rattacher toujours à des points astronomiques bien déterminés.

Depuis la pointe audacieuse du capitain Wiggins, qui pénétra par l'Iénisseï jusqu'à Krasnoïarsk, au coeur de la Sibérie, les travaux hydrographiques, ainsi que les observations astronomiques sur toute l'étendue des côtes de l'océan Glacial, ont fait des progrès rapides. Bientôt après le voyage de ce célèbre marin anglais, le ministère de la marine russe, à l'instigation du Comité du Transsibérien, organisa, sous le commandement de A. Wilkitzky, colonel du corps des pilotes, une expédition qui fut chargée de l'exploration des fleuves Obi et Iénisseï et d'une partie de la mer de Kara. Les cartes dressées par cet officier ont déterminé définitivement la voie maritime du nord dans ces parages dangereux. Elles ont, en outre, contribué à la diminution des frais de transport entre Londres et Krasnoïarsk et, en général, à l'augmentation du commerce de la Sibérie.

Les Russes poursuivant, à l'instar des autres nations, le but idéal, et peut-être irréalisable, d'atteindre le pôle nord, ont, par leurs explorations des contrées qui nous en séparent, acquis des données nouvelles sur ces régions mystérieuses. Enfin, au moment où nous rédigeons cette Notice, les officiers de marine continuent leurs études hydrographiques du lac Baïkal, tout en déterminant sa position géographique.

Il est à noter que les travaux exécutés par les officiers de marine sont toujours utilisés par les cartographes.

§ 3.

Indépendamment de ces deux juridictions, des travaux topographiques sont encore exécutés dans un but spécial par différentes institutions dont nous ne mentionnerons que quelques-unes, en commençant par le Ministère des voies et communications. Les ingénieurs de ce ministère ont entre autres travaux pour spécialité la construction des chemins de fer et l'étude des voies fluviales. Nous avons déjà dit à la page 5, qu'avant de procéder aux recherches pour la construction de la voie ferrée, les ingénieurs doivent étudier les plans des localités pour en fixer le tracé; cette étude est considérablement simplifiée dans le cas où ces plans ont été levés préalablement par des topographes militaires. Dans le cas contraire, il va sans dire que les ingénieurs exécutent eux-mêmes ces levés, travail qui, tout en ne rentrant pas directement dans leurs attributions, est cependant très important au point de vue des conséquences, car c'est de son exactitude que dépendent non seulement le résultat des recherches, qui peuvent entraîner une erreur de direction, mais encore le coût de la construction, les frais d'exploitation à venir, et surtout le plus ou moins de fréquence des réparations.

En même temps les travaux de nivellement concourent au perfectionnement de l'orographie des cartes topographiques du ministère de la guerre, car, dans le cas où leurs repères coïncident avec les points fixés par les topographes militaires, les données d'altitude sont identiques.

Quant aux recherches sur les voies fluviales, elles présentent un intérêt tout particulier pour la topographie militaire, à cause de la précision et de la variété des données hydrographiques, qui ne peuvent être rendues avec la même exactitude sur les levés des topographes militaires, astreints à une échelle réduite.

La Section d'arpentage du Ministère de la justice a pour but d'établir et de confirmer les limites de la propriété foncière privée, ainsi que des domaines de la couronne sur toute l'étendue de l'empire; elle garantit la sécurité des propriétés immobilières et l'inviolabilité des limites.

Les réseaux de triangulation ne servent pas de base à l'exécution de ces plans cadastraux, à l'échelle de 1/8.400, bien qu'embrassant quelquefois une assez grande étendue de terrain. L'orographie n'y est aucunement désignée. Au dedans des sillons-limites des différents domaines il n'y a de marqués que quelques bâtiments permanents, pouvant servir dans la suite à la reconstitution de ces sillons en cas de besoin.

Nous espérons que nos collègues nous pardonneront l'observation que dans ces conditions, la sécurité de la possession et l'inviolabilité des limites ne sont pas suffisamment garanties, et que, si les résultats des travaux topographiques exécutés par ce ministère sont à peu près nuls au point de vue de la cartographie, la faute n'en est pas aux exécutants. Nous apprenons qu'il est question de donner aux travaux de cette juridiction plus de précision dans les détails, ce qui ne peut manquer d'augmenter leur importance pour la cartographie.

Le Ministère de l'agriculture et des domaines de l'Etat conformément à ses attributions, fait également exécuter des travaux topographiques en vue du développement de l'industrie forestière et minière.

Les recherches géologiques des ingénieurs des mines ont exclusivement pour base les travaux des topographes militaires.

Les levés de forêts sont exécutés selon la méthode d'alignement, en déterminant, de proche en proche, un réseau de lignes perpendiculaires. A l'heure qu'il est, on a adopté pour ces travaux le système en usage dans le reste de l'Europe.

Pour tous les autres problèmes spéciaux, les géomètres du cadastre relèvent des plans en détail, à l'échelle de 1/8.400, dans les limites déterminées par leurs collègues, les arpenteurs de Ministère de la justice. La précision des travaux du Ministère de l'agriculture se trouve, par conséquent, en rapport direct avec l'exactitude des données fournies par le Ministère de la justice.

Lorsque le Comité du Transsibérien fut institué au mois de Décembre 1892, le ministère de l'agriculture prit à la réalisation de ses projets la part la plus active. En même temps, l'intérêt géographique s'est accru de tous les travaux topographiques de ce ministère. A mesure que l'immigration en Sibérie prenait des proportions plus considérables, la nécessité de régulariser la situation de la propriété foncière se faisait sentir de plus en plus dans les régions voisines de la voie ferrée transsibérienne où se portait le principal contingent des émigrants.

Le courant de l'immigration se dirigeant tantôt sur des territoires inoccupés, tantôt sur des endroits déjà occupés, mais où la prise de possession n'était pas réglée, le Ministère de l'agriculture a désigné les meilleurs de ses géomètres du cadastre pour effectuer la répartition des lots selon les besoins réels des colons, et préparer de vastes étendues de terrains, destinés à être assignés aux futurs immigrants.

Cependant le besoin de terres cultivables se faisant sentir davantage à mesure que s'accroît l'immigration, les agriculteurs se voient assez souvent forcés d'aller chercher très loin un sol favorable; encore sont-ils obligés de recourir à des moyens artificiels et coûteux pour en augmenter le rendement. Ces circonstances ont poussé le ministère à désigner des ingénieurs, qui prêteront leur concours aux colons pour l'exécution de travaux hydrotechniques dans la partie de la steppe d'Akmolinsk, des gouvernements de Tobolsk et de Tomsk, ainsi que dans la steppe de Baraba. Il va sans dire que les levés nécessités par ces travaux fournissent au géographe de nouvelles données topographiques.

Tous les plans parcellaires du Ministère de

l'agriculture sont mis en concordance avec le terrain. Ils présentent un immense intérêt, non seulement au point de vue pratique, mais encore à cause du grand nombre de détails qu'ils offrent. Cependant, ne contenant point de données sur la structure du sol, et n'ayant pas de canevas trigonométrique, ces plans sont difficiles à transporter avec exactitude sur une carte d'une certaine étendue.

A l'heure qu'il est, le Ministère de l'agriculture a entrepris des observations astronomiques dans le but de déterminer les coordonnés de certains points devant servir à l'unification des travaux de lotissement et de réglementation exécutés dans les quatre gouvernements de la Sibérie occidentale.

Enfin nous ajouterons quelques mots sur les Institutions d'arpentage de la Juridiction des troupes cosaques. De toutes les catégories de cosaques de la Russie d'Asie, il n'y en a que deux qui possèdent ces institutions: ce sont ceux appelés spécialement cosaques de Sibérie et ceux de Transbaïkalie relevant de l'Administration centrale des troupes cosaques, dont le siège est à St. Pétersbourg. Cependant les topographes chargés de l'arpentage des terres des cosaques de Transbaïkalie travaillent aussi pour les cosaques de l'Amour et de l'Oussouri. Leurs levés, sur l'échelle de 1/8.400, adoptée par les ministères mentionnés ci-dessus, sont rarement utilisés par les géographes.

Les levés des juridictions énumérées dans ce § 3 étant généralement d'une précision moindre que ceux des topographes militaires, nous les avons désignés par une teinte spéciale. Nous ferons observer que nous n'avons porté sur notre carte que les travaux embrassant une étendue plus ou moins considérable, en les désignant par des numéros de la même teinte.

§ 4.

Les endroits situés en dehors des rayons des levés des topographes militaires et des géomètres du cadastre, et autrefois inhabités, ne nous sont connus que par les voyageurs et géographes de renom dont les recherches sont particulièrement précieuses pour la cartographie dans le cas où ils avaient à leur disposition les instruments nécessaires pour les levés de plans et la détermination des coordonnés géographiques, tels que latitudes, longitudes et altitudes.

Les articles que nous avons fait paraître dans les №№ 1 et 2 de l'Annuaire de la S. I. R. G., fascicules de 1890 et 1892, font voir que nous avons toujours étudié avec le plus vif intérêt dans les relations des voyageurs, tout ce qui pouvait être utilisé pour la cartographie de notre empire.

Les noms des voyageurs que nous rappelons à la mémoire des lecteurs figurent dans les deux premières annexes de cette Notice. Les itinéraires des voyageurs étrangers sont marqués sur notre carte par une teinte commune, tandis qu'une couleur spéciale est affectée aux voyageurs russes.

§ 5.

Le voyage de S. M. l'EMPEREUR NICOLAS II, en 1890—91, *Grand-duc Héritier* à cette époque, fut entrepris dans le double but de visiter les monuments grandioses de civilisations disparues et de vérifier personnellement l'importance économique et politique de la Sibérie et des empires voisins de la Chine et du Japon.

Partie de St. Pétersbourg, S. M. arriva à Trieste en octobre 1890, par Varsovie et Vienne. Bientôt après le grand-duc Georges Alexandrovitch, actuellement décédé, y rejoignit son frère sur la frégate „Pamiat Azowa" [1]). C'est de Trieste que commença le voyage en commun des augustes frères. Leur attention se porta d'abord sur les monuments de la Grèce qui remontent à une si haute antiquité. Traversant ensuite la Méditerranée ils touchèrent Port-Saïd, Suez, le Caire et remontèrent le Nil jusqu'à Chellal pour visiter les environs: les ruines admirables de Philae, renfermant le tombeau du dieu du soleil; le cé-

[1]) Mémoire d'Azow.

lèbre kiosque de Tibère, surnommé „couche de Pharaon“; les caveaux des Apis; l'énorme tête de sphinx émergeant des sables du désert, etc.

De Chellal LEURS ALTESSES retournèrent par le Caire à Suez, d'où ELLES se rendirent à Bombay par le golfe Arabique, Aden et la mer d'Oman. Cependant, après un séjour de quatre jours aux Indes, Son Altesse le grand-duc Georges Alexandrovitch se vit obligé de se séparer de son auguste frère le 15 Décembre, l'état de sa santé exigeant son retour immédiat en Russie.

Son ALTESSE IMPÉRIALE, LE CÉSARÉVITCH, continuant son voyage, visita Lahore, Calcutta, Madras et autres endroits célèbres de ces contrées merveilleuses. Après avoir fait escale à Colombo, Singapore, Batavia, Bangkok, Saïgon, Canton, Fou-Tchéou, Hongkong — cette perle de l'Orient—, comme le nomment les indigènes— S. A. arrivait à Shanghaï. De cette dernière ville, remontant le Yang-tsé-Kiang, S. A. se rendit à Hankow par Nankin. De là, traversant la mer de Chine, S. A. visita Nagasaki, Kogosima, Kioto et autres points du Japon, qu'elle quitta bientôt pour se diriger vers les limites de son empire. Au mois de mai 1891 le navire qui portait S. A. jeta l'ancre dans le port de Wladivostok [1]. Cette ville était désignée par sa position

---

[1]) Wladivostok, station principale de notre flotte du Pacifique, est situé à 43° 7′ de lat.-nord et 131° 55′ de

à former le point terminus de la grande voie transsibérienne. Il avait été décidé que les premiers travaux de construction auraient pour point de départ Wladivostok.

A la suite de cette décision et dans l'attente de l'arrivée de S. A., les ingénieurs des voies de communications étaient parvenus, aux prix des plus grands efforts, à terminer pour la fin d'Avril 1891 les travaux de terrassement et la pose des rails sur une étendue de 3 kilomètres, à compter de la future gare de Wladivostok jusqu'au bord du golfe de l'Amour, en traversant la ville. Ils avaient aussi préparé les matériaux nécessaires à la construction de la gare. Le jour même de son arrivée, le 19 Mai 1891, S. A. daigna pousser de ses propres mains une brouettée de terre, au bout du remblai, où S. A. monta dans le premier train lancé sur la nouvelle voie, pour se rendre,

---

long.-est de Greenwich, sur la baie appelée „Corne d'or orientale". C'est, en même temps, un port de commerce très commode, les navires s'y trouvant à l'abri de tous les vents, mais il a le grand inconvénient d'être gelé pendant deux ou trois mois. Il s'y trouve un dock et un arsenal maritime. Wladivostok est relié par différentes lignes de bateaux à vapeur à Odessa, l'Inde, le Japon, la Chine, Sakhaline, et Nicolaïevsk, à l'embouchure de l'Amour. Malgré toutes ces conditions Wladivostok jusqu'en 1893 était plutôt un village; à l'heure actuelle c'est un centre important qui s'agrandit de jour en jour, et où les peuples de l'Europe concourent en paix au développement des ressources de notre extrême Orient.

en traversant la ville, à l'emplacement de la gare projetée, et y procéder à la pose de la première pierre à l'angle sud-ouest de la nouvelle gare. En commémoration de ce moment historique le personnel entier employé à la construction du chemin de fer de l'Oussouri s'est cotisé pour l'érection d'une image de St. Nicolas le Thaumaturge, le célèbre archevêque de Myrha en Lycie, martyrisé sous Maximilien en 343, et qui jouit d'une vénération particulière en Russie, où il est fêté le 6 Décembre et le 9 Mai du calendrier Julien (vieux style).

A ce sujet „le Messager officiel" fit paraître dans son N⁰ du 26 mai 91 un ordre du jour du ministre des voies de communication, daté du 24 mai et reproduisant intégralement le rescrit de feu S. M. L'EMPEREUR ALEXANDRE III à S. A. I. le grand-duc césarévitch, NICOLAS ALEXANDROVITCH, ayant trait à la pose du premier rail de la section de l'Oussouri du chemin de fer de Sibérie. A l'occasion de cet événement le ministre exprime la conviction que tous les membres de l'administration des voies de communication auxquels est confiée l'exécution de la volonté du Souverain rivaliseront de zèle dans l'accomplissement de leur tâche. Ils ne ménageront pas leurs efforts pour la réalisation de „l'oeuvre réellement nationale" de la construction du chemin de fer de Sibérie et surmonteront, pour mener à bonne fin cette entreprise grandiose, toutes les difficultés occasionnées par l'éloignement de cette ligne du centre de l'Empire et le peu de densité de la population des contrées qu'elle est appelée à traverser.

Quelques jours après la date mémorable du 19 mai, S. A. continuait son voyage par Khabarovsk, Blagovéchtchensk, Nertchinsk, Tchita, Werkhné-Oudinsk, Irkoutsk, Krasnoïarsk, Tomsk, Tobolsk, Omsk, Werkhné-Ouralsk, Orsk, Orenbourg, Samara, Ouralsk. Retournant ensuite à Samara, S. A. revenait à St. Pétersbourg par Penza, Riazan et Moscou.

Le lendemain de son avènement au trône S. M. l'EMPEREUR NICOLAS II daigna exprimer, le 3 Novembre 1894, Sa volonté de conserver la présidence du Comité du Transsibérien. Grâce à la continuation de ce privilège si précieux, auquel SA MAJESTÉ joignit encore celui d'assister en personne aux séances de ce Comité, la construction de la voie ferrée prit un nouvel essor et tint place parmi les problèmes les plus importants de l'Etat.

Malgré notre désir de donner toute les indications possibles sur le voyage si important de S. M., le cadre de notre carte ne nous a permis d'y marquer que l'itinéraire de Bombay à Lahore et de Shanghaï jusqu'à Penza. Les parcours de Pétersbourg à Bombay, de Lahore à Shanghaï, et de Penza à Pétersbourg, sont forcément restés en dehors. C'est pourquoi nous avons composé une autre carte, ou plutôt un tableau synoptique, de tous les pays visités par S. M., que nous avons placé dans l'espace laissé libre en dessous du titre de notre présente carte.

Outre le voyage de S. M., la carte complémentaire indique le raccordement du Transsibérien avec les voies de communication par terre et par mer qui réunissent les ports de l'océan Atlantique à ceux du Pacifique et qu'il nous a été impossible de porter sur notre grande carte.

Les deux cartes sont complétées par l'impression en teinte particulière de l'itinéraire du voyage de l'EMPEREUR NICOLAS II.

Nous croyons de notre devoir de faire mention des voyages entrepris par d'autres membres de la famille impériale, antérieurement à celui de S. M. l'EMPEREUR NICOLAS II, et qui ont fourni des données nouvelles à la géographie des territoires situés aux confins de l'empire, tout en apportant à ces provinces des améliorations notables.

Le voyage du Grand-duc Alexis Alexandrovitch dans l'océan Glacial et la mer Blanche, 1870, en touchant la côte de Mourman et la Nouvelle Zemble. Le résultat le plus important pour la géographie fut la découverte par feu l'amiral K. Possiet, gouverneur du grand-duc, M. Bélavenetz, et autres compagnons de S. A., d'un courant chaud se dirigeant sur la Nouvelle

Zemble après avoir longé la côte de Mourman. L'exactitude du fait fut constatée par les travaux bathométriques du baron Maydell, officier de marine, les observations zoogéographiques de M. Th. Yarginsky, et confirmée par les études approfondies d'un savant aussi distingué que M. l'académicien A. Middendorf.

En 1873 le grand-duc visita à Irkoutsk la Section Est-Sibérienne de la S. I. G. R., donnant par là une nouvelle impulsion à l'activité de la Section.

L'expédition du Grand-duc Nicolas Constantinovitch de 1877—1879, ayant pour but d'explorer le bassin de l'Amou-Daria et d'étudier le tracé du chemin de fer de l'Asie centrale. L'expédition se composait de feu le comte M. Rostovzef, chef des topographes attachés à l'entreprise, de M. N. Zouboff, chargé des études hydrographiques sur l'Amou-Daria, du professeur de géologie M. Mouchkétoff, du zoologiste Peltz, des ingénieurs Yakovlef, Sokolovsky et Lapounoff; des peintres N. Karazine et Simonoff, du photographe Buchholtz et de N. Maïeff, qui devait réunir des données statistiques et économiques.

Avant l'expédition le grand-duc avait édité une notice intitulée „L'Amou et l'Ouzboï", qui fut traduite en français et ne passa pas inaperçue.

Les résultats variés et abondants de l'expédition furent publiés successivement.

Le Grand-duc Nicolas Mikhaïlovitch, président de la S. I. G. R. depuis Février 1892, s'est vivement intéressé à la zoogéographie du Caucase, dont la partie orientale figure sur notre carte Le plus important des travaux du grand-duc est un ouvrage en 3 volumes sur les lépidoptères de la Transcaucasie, intitulé: „Mémoire sur les lépidoptères", rédigé par N. Romanoff 1894—97.

Le Grand-duc Alexandre Mikhaïlovitch sous le patronage duquel est placée, depuis 1894, la Section Est-Sibérienne de S. I. G. R., dans le cours de son voyage sur la corvette „Rynda", s'est livré à des études sur le territoire de l'Oussouri. Bientôt après, en compagnie de son auguste frère, Serge Mikhaïlovitch, le grand-duc visita les îles de la Sonde (Java, Célébès, Amboïne), ainsi que les Indes, sur son yacht la Tamara.

Une description détaillée de ce voyage a été rédigée sous le titre: „23.000 milles sur le yacht „Tamara", de 1892—93 par M. G. Radde, le vétéran de nombreuses expéditions de la S. I. R. G., savant distingué et écrivain de talent, qui accompagnait les deux grand-ducs.

La même année (1894) la Grande-duchesse Alexandra Iosiphovna fit don à la Section d'une partie de la bibliothèque de feu le Grand-duc Constantin Nicolaïevitch, son époux. Le grand-duc avait été le premier président de la S. I. R. G. et avait toujours passionnément aimé sa patrie et le peuple russe dans l'avenir duquel il avait une foi inébranlable.

Le voyage à la côte du Mourman de S. A. le Grand-duc Wladimir Alexandrovitch, entrepris en Juillet 1899, à l'occasion de l'inauguration du port et de la ville d'Alexandrovsk, fondés sur l'emplacement du port Ekatherininsky. Dès ce moment, le pavillon russe flottant sur les eaux voisines du pôle, appelle les hommes de la science et les capitalistes à appliquer toute leur énergie à la civilisation de l'extrême Nord, de même que le Transsibérien est destiné à donner un nouvel essor au bien-être des populations de notre extrême Orient, si fécond en ressources de tout genre.

Obs. Bientôt après, dans un banquet qui eut lieu à Arkhangel à l'occasion de l'inauguration du Comptoir de transport et de commission du Transsibérien, les Septentrionaux reconnaissants portèrent un toast enthousiaste à la santé de l'initiateur du trafic direct de Sibérie en Europe par Arkhangel, le bon génie du Nord, le ministre des finances S. Witte.

En forme de conclusion du présent § 5 nous nous permettrons d'insister encore sur le fait que S. M. l'EMPEREUR NICOLAS II, à l'instar de ses augustes prédécesseurs, daigne honorer de sa protection la S. I. G. R., et, comme ses glorieux ancêtres, contribue à l'étude de son vaste empire en octroyant avec libéralité des subventions aux géographes.

§ 6.

L'abondance des matériaux fournis par les topographes militaires disséminés sur toute la surface de l'empire, (v. § 1), les levés exécutés pour le compte des différentes juridictions, (v. §§ 2 et 3), enfin les nombreuses données dues à une quantité de voyageurs, (annexes 1° et 2°), devraient faire croire que nous disposions de tous les moyens nécessaires à l'exécution d'une carte de la Russie d'Asie offrant toutes les garanties possibles d'exactitude. Malgré tout cela, jusqu'à ce moment, nous n'avons des plans précis aux échelles de 1/21.000, 1/42.000 et 1/84.000 que pour la partie susmentionnée de la Russie d'Europe; pour le centre et l'est, ainsi que pour la frontière sud de la Russie d'Asie il n'existe pas de plans ininterrompus. Enfin, pour le nord-est de la Russie d'Europe, et une vaste étendue de la Sibérie, nous n'avons que les reconnaissances exécutées à la planchette ou à la boussole, et orientées par rapport au méridien magnétique. Parfois, la valeur de la déclinaison de l'aiguille aimantée a été déterminée au moment des levés, ce qui augmente un peu la précision de ces derniers.

Ainsi, l'immense continent de la Sibérie est loin d'être connu en entier, même dans sa configuration générale, à plus forte raison—au point de vue topographique, circonstance qui servira d'explication aux lacunes malheureusement trop nombreuses, que l'on pourra constater sur notre carte. Il est à prévoir que cet état de choses subsistera encore longtemps, à cause des dimensions de notre territoire, du nombre restreint des topographes militaires et des géomètres du cadastre, dont, en outre, les travaux ne sont pas raccordés, et de l'existence de vastes étendues incultes, ce qui est surtout le cas en Sibérie. Dans cette partie de notre territoire les routes font défaut la plupart du temps; les propriétés sont disséminées et la population, composée en grande partie de cosaques, de soldats, de paysans, de bourgeois, et de fonctionnaires, est peu nombreuse; il faut y ajouter un certain nombre de Chinois, de Coréens, et d'indigènes, chasseurs et pêcheurs, qui mènent une vie errante ou à demi-sédentaire.

Obs. La Sibérie ne possédait, jusqu'en 1898, qu'un monument évoquant d'héroïques souvenirs, celui du cosaque Yermak à Tobolsk. Ce n'est que vers la fin de cette année qu'il fut décidé d'ériger quelques monuments, dont l'un dans la stanitza d'Albazine [1]), à la mémoire d'Alexis Tolbouzine, du lieutenant colonel Beiton et des autres héros,

---

[1]) Albazine est situé sur l'Amour au nord-est de la jonction de la Schilka et de l'Argoune, à 53° 23′ de lat. nord et 124° 3′ de long. de Greenwich.

qui avec une poignée d'hommes, opposèrent une résistance héroïque aux assauts des troupes mandchoues.

Il ne faut pas croire, toutefois, que la Sibérie offre peu d'attraits pour les explorateurs. Si l'on considère que de tout temps on a cru à l'existence dans cette contrée de rivières souterraines mystérieuses, et de richesses enfouies dans le sol, on comprendra que l'histoire nous offre de nombreux exemples d'expéditions hardies, entreprises dans le but de s'approprier ces trésors. En effet, lorsque l'ataman Yermak Timoféef occupa en 1584 la capitale du dernier khan tartare Koutchoume, une foule d'aventuriers se précipitèrent en Sibérie pour profiter des richesses du pays. Plusieurs d'entre eux firent rapidement fortune et quittèrent le pays, en le laissant dans l'état où l'avait trouvé en 1584 le hardi ataman. Ce n'est que le plus petit nombre, réunissant les conditions d'énergie, de connaissances et de capital, qui s'occupa, au prix d'un rude labeur, de l'exploitation des gisements de fer, de houille et d'or si abondants en Sibérie, ainsi que de la mise en valeur des autres richesses souterraines. Ce sont eux qui ont créé les premières fabriques et usines métallurgiques, uniquement le long de la chaîne des monts Ourals, du nord au sud, et, en partie, sur les versants, de l'ouest à l'est. Les inventaires exacts, dressés par eux, de leurs immeubles ont rendu un grand service aux géographes qui ont pu utiliser leurs plans détaillés. Ces levés, marqués sur notre carte par la même teinte que ceux des topographes militaires, forment, pour ainsi dire, des oasis parmi d'autres, exécutés à vue d'oeil, de mémoire, voire-même par renseignements. Avec des matériaux de valeur si différente les cartographes ont toujours eu en vue que ces données ne pouvaient être utilisées qu'avec un certain coefficient. Ainsi, la difficulté d'observer la même précision dans tout l'ensemble provient principalement du manque de données précises sur une partie notable du territoire.

A cause des dimensions colossales de notre territoire, évalué approximativement à 26.687.000 km. carrés, nos éditions cartographiques ne le reproduisent jamais en entier, n'offrant que des cartes séparées de la Russie d'Europe et de la Russie d'Asie, et encore à une échelle réduite. Ainsi pour la carte générale de la Russie d'Europe, et pour la Sibérie occidentale l'échelle n'est que de 1/420,000, et pour celle de la partie méridionale de la Russie l'Asie de 1/1.680.000.

Pour conclure cet aperçu des données utilisées pour dresser une carte de l'Empire nous prenons la liberté d'ajouter qu'en traçant le périmètre exact des régions levées, étudiées ou simplement explorées, nous n'avons fait que joindre nos efforts à ceux de toutes les nations cultivées, pour concourir, dans la mesure de nos moyens, à une connaissance plus complète du globe. En même temps nous nous permettons de croire que notre travail fera ressortir les difficultés qui s'opposent à la réalisation du projet de M. le docteur Albrecht Penck, concernant la construction d'une carte générale du globe à l'échelle de 1/1.000.000, émis au congrès géographique de Londres en 1895.

§ 7.

Après les remarques que nous avons faites sur la cartographie générale de notre empire, nous en ajouterons quelques-unes ayant trait spécialement à notre carte.

Pour commencer nous exposerons les raisons qui nous ont porté à abandonner les signes conventionnels en usage pour les indications orographiques.

Le nivellement topographique en Sibérie ne donne les altitudes que pour une zone très étroite. Ainsi ce nivellement fut exécuté: 1° par Muller, entre le lac Baïkal et la ville de Kansk, 2° par Machkoff et ses collaborateurs — des monts Ourals jusqu'au lac Baïkal, et 3° le long du Transsibérien.

Dans les régions où les levés ont été faits par les topographes des sections topographiques d'Omsk, d'Irkoutsk et de Khabarovsk, les altitudes ont été déterminées approximativement, à l'aide du baromètre et en quantité insuffisante.

Sur les plans exécutés par les voyageurs l'orographie est rendue avec une précision moindre encore. A la suite de l'insuffisance de ces données on comprendra que nous n'avons pu rendre l'orographie ni par des courbes de niveau, ni par des hachures, moyens fort coûteux. Il ne restait donc que l'application des teintes fondues. Cependant cette méthode ne donne qu'une idée très imparfaite de l'orographie et parfois il est impossible de déchiffrer les noms recouverts d'une épaisse couche de lavis. C'est pourquoi, afin de rendre notre carte aussi claire que possible, et pour éviter l'accumulation des teintes, nous avons cru nécessaire de négliger la représentation du relief. Mais, vu l'importance des données de ce genre, nous avons cependant marqué par des inscriptions les sommets, les plateaux, les pics dénudés (qui portent en Sibérie le nom de goltzy), les cols et les cimes isolées, ainsi que la direction des chaînes et de leurs ramifications, en accompagnant quelques-unes de ces données d'un chiffre exprimant l'altitude. Par exemple, le chiffre „8040" sur notre carte dans la province de Transbaïkalie, indique l'altitude en pieds russes du sommet Tchikondo, le plus élevé, de cette province, (8040 pieds = 2450,59 m.), situé à 43 km. de la frontière chinoise, sur le versant sud du Jablonovoï-Khrébète (Khrébète en russe signifie chaîne) qui sépare les sources des affluents du Baïkal de celles de l'Amour. Cette chaîne coupe la province de Transbaïkalie sur une longueur de 854 km. du sud-ouest au nord-est. L'ascension du Tchikondo a été accomplie en dernier lieu par Wisloukh, top. m., et von-Derviz, ingén., en 1898.

Par exception, grâce au nombreux travaux hydrographiques exécutés sur la mer Caspienne, nous avons pu reproduire en relief le fond de cette mer. Ainsi, les travaux de N. Ivachintzef, A. Oulsky, N. Poustchine et K. Mikhaïloff (actuellement chef de la section d'hydrographie du Ministère de la marine), 1858—74, nous ont permis de réunir par des courbes les points d'altitude identique. Il va de soi que ces courbes ne peuvent être appelées courbes de niveau, vu l'impossibilité d'observer, même approximativement, l'équidistance entre ces lignes.

A ce sujet, rappelons ici qu'en 1737, le géographe français Th. Buache donna le premier l'idée d'exprimer les inégalités de terrain par des courbes de niveau, et qu'il présenta à l'Académie des Sciences de Paris une carte de la Manche, ainsi que de ses côtes, dressée suivant sa méthode qui est devenue conventionnelle et a reçu la plus large application dans tous les pays, lorsqu'il s'agit de rendre avec une grande précision l'orographie des parties terrestres.

§ 8.

Le magnifique réseau des fleuves de Sibérie, tels que l'Obi [1]), l'Jénisseï [2]), la Lena [3]), l'Amour [4]), de ses nombreuses rivières, et de ses lacs [5]), est

---

1) 3.580 kilomètres. L'Irtych, l'affluent de l'Obi, a été de tous temps regardé comme la voie naturelle donnant le plus facilement accès aux régions légendaires des monts du Yarkend, regorgeant de richesses minérales, ainsi qu'aux provinces centrales de la Chine.

2) 3.200 kilomètres.

3) 4.480 kilomètres.

4) Le gigantesque Amour, celui de tous les fleuves du bassin de l'océan Pacifique qui coule le plus au nord, est depuis fort longtemps sillonné par des bateaux à vapeur; il est formé par l'Argoune et la Chilka qui prend son nom à la jonction de l'Ingoda et de l'Onone. De la source de ce dernier à l'embouchure de l'Amour le parcours est de 4.520 km. Les grands affluents: la Zéïa, la Bouréïa, la Toungouska, le Guyryne et l'Amgoune descendent tous du Stanovoï-Khrébète, situé au nord, et de ses ramifications. A l'est du Petit-Khingan, le long de la rive gauche de l'Amour, jusqu'au pied de la petite chaîne de Wanda, se trouve la partie la plus chaude de la province de l'Amour (la vigne y croît) arrosée de nombreuses rivières, telles que le Bidchou, le Kirmi, l'Ourma, le Cour, et autres.

5) Parmi les lacs, la première place appartient au lac Baïkal, la plus vaste nappe d'eau, non seulement de la Sibérie, mais encore de tout l'ancien continent. La moyenne de longueur est de 650 km., celle de largeur de 86 km., et la profondeur varie de 1.000 à 1.400 mètres. Il est entouré de masses rocheuses capables d'opposer un obstacle

appelé à jouer un rôle important dans la vie économique de la Sibérie, malgré la congélation assez prolongée pendant l'hiver et la débâcle au printemps. Ces fleuves n'offrant ni chutes, ni rapides, sont presque tous navigables jusqu'à leur source pour des embarcations légères. Leurs vallées présentent les conditions requises pour la construction de canaux et avec l'extension de la production de la Sibérie ces voies fluviales ne manqueront pas de prendre une grande importance. L'Obi et la Tchoulyme ainsi que l'Iénisseï et la Toungouska-Supérieure ou Angara ont déjà servi au transport du nord au sud de différents matériaux destinés au Transsibérien. Par suite de la direction de l'Angara, dont la longueur est de 1894 km., on l'a encore utilisée, ainsi que le canal entre l'Obi et l'Iénisseï, comme faisant partie d'une grande voie fluviale allant de l'ouest à l'est, à partir de Tumène [1]) sur la Tara (bassin de l'Obi) jusqu'à Sélenguinsk sur la Sélenga (bassin du lac Baïkal). Les routes faisant presque

---

insurmontable au tracé direct de la voie transsibérienne et dont le percement doit occasionner des frais considérables.

1) La ville de Tumène, située à 57° 10′ de lat. et 100° 50′ de long., est un des centres commerciaux les plus animés de la Sibérie occidentale. Tumène étant en communication avec la mer et servant de point de transit au commerce avec l'étranger, c'est dans cette ville que se concentrent les intérêts commerciaux de la Sibérie du nord presque tout entière.

entièrement défaut dans ces contrées, ce sont les voies fluviales qui forment, dans beaucoup de cas, l'unique moyen de locomotion accessible aux colons, qui trouvent en outre des provisions en abondance dans les colonies échelonnées le long des bords. Ces raisons portèrent M. le ministre des voies et communications, le prince M. Khilkoff, à entreprendre, parallèlement à la construction du Transsibérien des études qui provoquèrent les mesures administratives suivantes: 1° l'arrondissement de Tomsk fut créé et placé sous la dépendance du ministère des voies de communication: il comprenait le fleuve Obi, ses affluents (Nitza, Toura, Tobol, Irtyche, Tchoulym, et Tome), et le système fluvial qui réunit l'Obi à l'Iénisseï, embrassant ainsi environ 8993 kilomètres; 2° la Section statistique du ministère des voies et communications publia en 1895 un „Rapport sur les voies fluviales de la Russie d'Asie" qui n'est pas sans intérêt, quoique basé sur des données insuffisantes. Ce travail permet de constater l'existence en Sibérie du canal dont nous avons fait mention plus haut, de 10 lacs sillonnés par des bateaux à vapeur et de 161 fleuves et rivières navigables ou flottables etc.

Cependant nous n'avons pas pu utiliser ce rapport autant que nous l'aurions désiré, vu les dimensions restreintes de notre carte à l'échelle de 1/8.400.000, qui ne nous ont permis de marquer les limites de la navigation et du flottage que pour quelques fleuves.

On a compris, depuis, la nécessité d'étudier la question des voies fluviales en Sibérie et M. Timanoff—professeur à l'Institut des ingénieurs des voies et communications de l'EMPEREUR ALEXANDRE I—a, dans ce but, publié en 1897 un „Aperçu des principales voies fluviales de la région de l'Amour". Cet ouvrage a reçu un accueil mérité et s'est rapidement propagé entre les mains des représentants de l'administration, des propriétaires de bateaux à vapeur, et des particuliers qui s'intéressent aux voies de communication de notre frontière de l'est. Les travaux de ce genre établissent, qu'en y apportant quelques améliorations, le système fluvial de la Sibérie pourra être utilisé avec le plus grand succès sous différents rapports. Il sera de la plus grande utilité pour le transport des passagers et des marchandises jusqu'à la ligne du Transsibérien, et, par cela même, il rendra les plus grands services au commerce et à l'industrie, enfin il favorisera la colonisation.

Enfin, 3° nous mentionnerons les études sur la navigabilité de la Chilka, de l'Amour, et de de l'Oussouri, entreprises après l'adoption définitive du tracé du chemin de fer de Mandchourie. Des travaux de balisage furent exécutés sur un espace de 2808,9 km. à partir de la stanitza Mitrofanova située sur l'Ingoda entre Tchita et Srétensk, jusqu'à l'embarcadère d'Iman, sur la rivière de même nom, affluent de la Bouria qui, à son tour, se jette dans l'Amour. Des postes hydrométriques et des stations de pilotes furent échelonnés le long des rives; la longueur du chenal des susdites rivières précisée, des travaux de dragage exécutés à plusieurs endroits, enfin des cartes de la navigation sur ces cours d'eau dressées.

De Khabarovsk à Nicolaïevsk des postes hydrométriques furent établis, ainsi que, pour l'hivernage des bateaux, un barrage, à Blagovéstchensk, au confluent de la Zeïa, où se trouvent aussi des chantiers et des ateliers.

Tous ces travaux furent exécutés par l'ingénieur B. Savrimovitch, sur l'ordre de M-r le ministre des voies et communications, le prince M. Khilkoff.

§ 9.

Pour aborder la question des études préliminaires au tracé du Transsibérien, nous commencerons par un petit exposé historique.

Vu l'impossibilité de rendre avec précision sur une surface plane une étendue aussi considérable que celle de l'Empire, sans modifier les contours des cartes spéciales de certaines parties, le Conseil spécial, lors de la mise à l'étude de la question du Transsibérien, a essayé, en vue du but poursuivi de le relier aux réseaux des voies ferrées de la Russie d'Europe, d'établir la configuration générale de l'Empire sur un segment. Cette première ébauche fit ressortir, du premier coup d'oeil, toute l'importance de la voie projetée; elle permit de constater d'emblée que la direction à choisir comme la plus courte, était celle du 55° parallèle, et que la longueur de la voie serait d'environ 7,800 km.

Les dépenses énormes que devait entraîner la construction, les discussions sur le tracé, provoquées par les intérêts locaux, la guerre de Turquie et ses conséquences, furent la cause que la question resta en suspens pendant 25 années, quoique qu'il fût évident qu'une voie ferrée à travers la Sibérie était indispensable à la colonisation du pays par les Russes, que les produits qu'elle serait appelée à transporter lui assureraient d'emblée un trafic considérable, et que, constituant un puissant moyen de rapprochement des peuples, elle concourrait à la réalisation du but idéal poursuivi si ardemment par la Russie, et qui est le maintien de la paix universelle.

Enfin, le 17/29 Mars 1891 parut l'oukase de feu S. M. l'EMPEREUR ALEXANDRE III ordonnant la construction de cette grande ligne ferrée à travers toute la Sibérie, et sans transbordement. On la fit partir de Tchélabinsk [1]), dernier point Est du chemin de fer de Samara-

[1]) Tchélabinsk, ville du gouvernement d'Orenbourg, à 55° 10′ de latitude — nord et 61° 22′ de longitude — est de Greenwich.

Zlatooust pour aboutir à Wladivostok — point extrême de la Russie d'Asie.

La construction de cette voie commença à Wladivostok, mais fut conduite si lentement que, par un nouvel oukase, donné le 10 Décembre 1892, l'EMPEREUR ALEXANDRE III institua le „Comité du chemin de fer transsibérien", sous l'auguste présidence de Son Altesse Impériale le Grand duc Héritier NICOLAS ALEXANDROWITCH, actuellement SOUVERAIN de notre patrie.

La charge de vice-président fut confiée à feu le conseiller privé actuel N. Bungé, alors président du Comité des ministres, mort depuis; les autres membres sont: M. le ministre de l'intérieur J. Dournovo, prédécesseur du ministre actuel D. Sipiaguine, et, à l'heure qu'il est, président du Comité des ministres; M. le ministre de l'agriculture et des domaines A. Yermoloff; M. le ministre des voies et communications, prince M. Khilkoff; M. le gérant du ministère de la marine, l'amiral N. Tchikhatchoff, remplacé par P. Tyrtoff; M. le ministre de la guerre P. Wannovsky, le prédécesseur du ministre actuel, A. Kouropatkine; M. le ministre des finances S. Witte; et M. le contrôleur de l'Empire T. Filipoff [1]).

---

[1]) Décédé et remplacé par le lieutenant général d'état-major P. Lobko.

Le secrétaire d'Etat M. D. Solsky, président du Département économique du Conseil de l'Empire, ainsi que plusieurs membres de ce Département, prennent part régulièrement aux séances du Comité de la voie transsibérienne.

La direction de ce Comité fut confiée au secrétaire d'Etat A. Koulomzine, Gérant d'affaires du Comité des ministres, qui en 1899 fut nommé membre du même Comité, tout en conservant la direction des affaires.

Le 5/17 juin 1893 fut instituée, sous le patronage du prince Khilkoff, la „Direction générale des travaux de construction de la voie transsibérienne", composée de membres perpétuels — ingénieurs, et de représentants du ministère des finances et du Contrôle de l'Empire. Les membres temporaires se recrutent parmi les représentants des ministères de la guerre et de la marine. Cette Direction est chargée d'examiner toutes les questions concernant la voie transsibérienne, telles que: le tracé, les embranchements, les recherches à entreprendre, les études techniques, ainsi que l'économie et l'administration.

L'activité du Comité de la voie transsibérienne ne se borne pas à l'exécution des travaux de construction de cette ligne; il est encore appelé à se prononcer sur différentes questions, telles que: les devis des travaux topographiques et des explorations géologiques dans les zones difficiles ou à peu près inaccessibles, l'opportunité d'élargir le champ d'action de ces recherches; la délimitation des terrains assignés aux colons, leur approvisionnement et premier équipement etc. Un fonds spécial a été institué à cet effet.

Un autre capital, désigné sous le nom de fonds de l'EMPEREUR ALEXANDRE III est affecté à la construction d'églises et d'écoles le long du Transsibérien, sur l'iniatiative de S. M. l'EMPEREUR NICOLAS II. Ce fonds, qui a atteint actuellement la somme de 3,500,000 francs, est formé de souscriptions ouvertes à cet effet et de subsides accordés par le Comité du Transsibérien.

L'allocation des sommes affectées à ces divers travaux et leur emploi rationnel sont soumis à l'examen d'une Commission, subordonnée aux Comité de la voie transsibérienne, et présidée par le secrétaire d'Etat A. Koulomzine; cette Commission est composée d'un certain nombre de membres du Comité du Transsibérien choisis parmi les représentants des ministères dont les chefs siègent au Comité.

Bientôt, cependant, les attributions de la Commission furent considérablement étendues. A la suite d'un accord survenu entre les ministres, elle fut chargée de l'examen préalable de presque toutes les questions devant être soumises à la décision du Comité. M. A. Koulomzine fut l'âme de cet immense labeur. C'est lui qui invite à participer aux séances de la Commission avec droit de vote, les personnalités dont il juge utile le concours, soit en vue de leur position, soit à cause de leurs connaissances scientifiques ou de leur expérience pratique. C'est sur ses indications que les membres de la chancellerie du Comité des Ministres, où convergent les travaux de la Commission, sont tenus de grouper et d'éditer les données devant servir de base à la discussion; c'est encore lui, enfin, qui dirige la rédaction des monographies contenant des renseignements sur les conditions d'existence des populations indigènes et les particularités physiques de la Sibérie.

Les procès-verbaux des séances de la Commission, ainsi que les comptes-rendus présentés à S. M. par le Secrétaire d'Etat A. Koulomzine, les Ministres A. Yermoloff, le prince M. Khilkoff et S. Witte, à la suite de leurs tournées en Sibérie, constituent une riche collection de matériaux concernant la construction de la voie transsibérienne, l'une des entreprises les plus grandioses du règne de l'EMPEREUR NICOLAS II.

Nous ajouterons que A. Koulomzine, profond connaisseur des conditions d'existence des populations de la Sibérie, et dont la compétence dans les questions administratives est connue, a été chargé par un oukase de Sa Majesté, de l'organisation d'un Conseil spécial, présidé par lui et appelé à étudier les conditions actuelles de la propriété et de l'affermage en Transbaïkalie.

Dans ce but A. Koulomzine fit entrer dans la composition de ce Conseil plusieurs membres de la Sous-commission du Comité du chemin de fer transsibérien, ainsi que des représentants des différents ressorts intéressés dans ces questions. En outre, il invitait 18 collaborateurs, encore jeunes pour la plupart, mais instruits, avec lesquels il arriva en juin 1897 au centre de la Transbaïkalie, à Tchita, où, avec le concours des spécialistes domiciliés dans ces endroits et des autorités locales, furent rassemblés des matériaux de tout genre, édités en 1898 et qui formèrent 16 [1]) grands volumes. Ces don-

---

[1]) Vol. 1 registre des localités et domaines habités, par S. Tcherémissinoff; vol 2 et 3, composés par N. Peterson, contenant des données statistiques sur les 8 districts de la Transbaïkalie et leurs subdivisions; vol. 4 consacré à des données géographiques, par le baron G. de Wyneken et S. Sabler; vol. 5, présentant des notices historiques, par A. Stcherbatchef; vol. 6, traitant de la population, du rôle de la tribu chez les aborigènes et du lamaïsme, par N. Razoumoff et I. Sosnovsky; vol. 7, par S. Roudine, donnant un aperçu des travaux topographiques et registres cadastraux, à partir de la fin du XVIII siècle jnsqu'à 1897; vol. 8, traitant de la propriété foncière, par A. Kalmykoff; vol. 9, signé W. Treiden, de l'affermage; vol. 10 exposé des bases de la propriété foncière, par M. Kroll; vol. 11 des genres et méthodes de culture, par N. Boutovitch; vol. 12, donnant un aperçu détaillé des prairies, pâturages et forêts,

nées ont permis à A. Koulomzine d'élucider les questions suivantes: 1) les bases de la propriété foncière en Sibérie; 1) les cas de détention par les aborigènes, les paysans de l'Etat et les cosaques, de terres en Transbaïkalïe; 3) les litiges auxquels donne lieu cette détention; 4) l'inégalité de la propriété; 5) les enclavements; 6) l'assiette de la répartition des terres; 7) les causes générales de l'état anormal de la propriété foncière en Transbaïkalie.

La solution des questions soulevées par cette révision formera l'objet des mesures que le gouvernement se prépare à prendre dans un avenir rapproché.

L'oeuvre de pacification et de civilisation,

---

par D. Groudinine; vol. 13, de l'élevage des bestiaux, par N. Razoumoff; vol. 14, traitant des débouchés de ces produits, des conditions de la main-d'oeuvre, des différentes industries, par D. Grigoroff, K. Miller, et I. Bezougloff; vol. 15, des impositions, par G. Tzybikoff; vol. 16, des budgets et forces économiques de la population, par D. Golovatchef. Le texte est illustré de cartes, cartogrammes, registres, plans, dessins, et autres suppléments utiles. Malgré la rapidité de l'exécution les résultats de ces études ont excité l'intérêt général et mérité l'approbation des connaisseurs.

Vers la fin de l'année 1899 la chancellerie du comité des ministres publia un résumé des matériaux recueillis par le Conseil (voir. p. 41) A. Koulomzine, rédigé par N. Razoumoff ainsi qu'un tableau alphabétique des communes, juridictions, stanitzas, et localités mentionnées dans les susdits 16 volumes.

pour nous servir des paroles du manifeste de feu S. M. l'EMPEREUR ALEXANDRE III, entreprise par la Russie dans l'extrême Orient, date du moment de l'institution du Comité du Transsibérien, de la Commission „Koulomzine", et de la susdite Direction. Tous les ministères prirent à coeur les intérêts de la Sibérie. Toute une série de travaux sérieux et féconds, entrepris dans le but de relier cette contrée au centre de la Russie d'Europe, en donnent une preuve éclatante.

Les ingénieurs des voies et communications commencèrent leurs études sur plusieurs points à la fois, en donnant aux parties du tracé principal projeté les dénominations provisoires suivantes: 1) Sibérie occidentale, à partir de Tchélabinsk et allant jusqu'à l'Obi; 2) Sibérie centrale, de l'Obi à Irkoutsk; 3) Ligne de contour du Baïkal, partant d'Irkoutsk pour contourner le lac Baïkal et aboutir à Myssovskaïa; 4) Ligne de Transbaïkalie à partir de cette dernière localité à Pokrovskaïa; 5) Ligne de l'Amour, atteignant Wladivostok.

La longueur du parcours fut évaluée approximativement à 3570,2 km.[1]) pour la ligne Tchélabinsk-Irkoutsk-Myssovskaïa; 3424,0 km. pour celle de Myssovskaîa - Srétensk - Pokrovskaïa - Khaba-

---

[1]) Nous comptons la verste 1,067 km., ce qui explique les fractions dans les évaluations de longueur.

rovsk; enfin 759,7 km. pour la ligne Khabarovsk-Wladivostok, point terminus; total: 7753,9 km.

Dans les endroits difficiles les topographes militaires prêtèrent leur concours aux ingénieurs.

Sur l'initiative du Comité de la voie transsibérienne, des sommes empruntées au fonds spécial mentionné plus haut furent assignées aux ingénieurs des mines, qui ont exécuté sur tout le parcours de ces sections des travaux géologiques, ayant pour but la mise en valeur des richesses minières à peine effleurées jusqu'à ce jour: mines d'or, d'argent, de cuivre, de plomb, de fer, gisements houillers, etc.

L'attention du Ministère de l'agriculture et des domaines d'Etat fut attirée à son tour par l'affluence en Sibérie des populations que le sol de la Russie d'Europe nourrissait difficilement; des géomètres du cadastre furent envoyés pour procéder à l'arpentage et à la distribution des terres entre les anciens colons, les aborigènes et les nouveaux arrivants, etc.

Les renseignements détaillés sur tous ces travaux, ainsi que sur d'autres que nous n'avons pas mentionnés, se trouvent dans les exposés du Comité du chemin de fer transsibérien. Notre tâche, à nous, a été de fournir des données sur la topographie des contrées traversées par la grande voie transsibérienne. Ces renseignements forment l'objet de la section suivante:

La section de la Sibérie occidentale, Tchélabinsk-Mariinsk, comprend une ligne de 1657,61 km.[1]). La voie touche les villes de Kourgan et Pétropavlovsk pour traverser l'Irtiche à Omsk; ensuite traversant Kaïnsk, elle longe la partie sud de la steppe marécageuse de Baraba, la partie nord du Domaine de l'Altaï, et, coupant l'Obi près de la station de Krivostchokovo[2])—à 42,7 km. au sud de Kolyvane — et la Tomi au sud de Tomsk, elle aboutit à Mariinsk, point de départ de la section suivante.

De Tchélabinsk à l'Obi le pays présente une surface plane, sillonnée de petits courants d'eau; à 160 km. avant Omsk, la voie traverse la steppe d'Ichyme couverte de salines et de marais salants; aux environs de Kaïnsk ces marécages deviennent plus vastes et plus profonds; sur la rive opposée de l'Obi commencent de hautes futaies, tantôt clairsemées, tantôt touffues; le sol est fertile, les bestiaux sont à bas prix; la population est dense. Jusqu'à la Tomi le paysage ne varie guère. C'est ici que commence la „taïga" [3])

---

1) Préposé aux travaux: K. Mikhaïlovsky.

2) Le village de Novo-Nikolaevsky, situé près de cette station, n'était, il y a deux ans, qu'un petit hameau perdu dans les vastes solitudes inhabitées de cette partie de la Sibérie; à l'heure qu'il est on y compte 20,000 habitants.

3) Les forêts immenses au sol spongieux où l'on découvre le plus souvent les mines d'or, se nomment „taïga"

de cèdres et de trembles. Dans ces dernières le soleil ne pénètre jamais; le sol marécageux est couvert à hauteur d'homme d'une herbe que les bestiaux ne mangent pas; des myriades d'insectes, appelés „gnouss" tourbillonnent au-dessus de ces endroits lugubres. Ces conditions rendent excessivement pénible un séjour, même peu prolongé, dans ces tristes parages.

Obs. Les ingénieurs des mines travaillant pour le compte du Comité du Transsibérien le long du tracé Tchélabinsk-Mariinsk ont découvert des gisements de houille d'une richesse inouïe aux abords du lac Ekibaz-touz situé à 122,71 km. au sud-ouest de Pavlodar sur l'Irtych. La société qui s'est formée pour l'exploitation de ces terrains a construit à ses frais une ligne de chemin de fer jusqu'à cette rivière afin de relier les houillères à la voie transibérienne.

En vue de l'existence dans la même localité de gisements de cuivre, une usine a été créée qui s'alimente sur les lieux.

Des raisons d'ordre économique ont fait adopter pour la Section de la Sibérie centrale, longue de 1588,76 km. [1]) le tracé de la route postale, qui traverse des endroits très peuplés, et qui, de temps immémoriaux, forme l'unique voie

---

en Sibérie et les indigènes, qui les habitent sont les „Taïéjniki".

1) Préposé aux travaux: N. Méjéninoff.

par laquelle la Russie d'Europe communique avec l'Extrême Orient. A partir de Mariinsk le relief est de plus en plus accidenté, et la ligne, franchissant la limite de la steppe, continue par Atchinsk, Krasnoïarsk, Kansk, Nijné-Oudinsk, pour aboutir en face d'Irkoutsk, en suivant la rive gauche de la puissante Angara, l'unique émissaire du lac Baïkal. Cette direction permet d'éviter d'un côté la taïga et les toundras (pleines marécageuses) et de l'autre — les contreforts de l'Altaï et des monts Saïans.

Malgré le choix heureux du tracé de cette section du Transsibérien, la construction offrit de nombreuses difficultés et l'entretien de la voie déjà exploitée exigera encore des soins incessants, vu que, sur un parcours de 1588,76 km., la voie traverse onze chaînes de montagnes et 12 cours d'eau; les travées du pont construit sur l'un d'eux, l'Iénisseï, mesurent 120,04 m.

Obs. Sur le parcours des sections de la Sibérie occidentale et centrale, qui comprennent 3246,37 km., comme nous l'avons dit plus haut, des ponts permanents ont été construits sur le Tobol, l'Ichyme, l'Irtyche, l'Obi et l'Iénisseï, sans compter ceux jetés sur les cours d'eau de moindre importance. Ce fait sera particulièrement apprécié par les ingénieurs, qui comprendront combien des constructions de ce genre ont dû ralentir la marche des travaux du Transsibérien.

Pour la Ligne de contour du Baïkal les obstacles à surmonter étaient encore plus sérieux, la structure de ces endroits nécessitant ou le percement de tunnels d'une longueur considérable, ou un tracé dans les conditions techniques requises par le caractère montagneux de cette partie du parcours. Dans le premier cas, les frais auraient été considérablement augmentés, dans le second, on n'offrait pas au trafic les garanties désirables de sécurité; dans l'un et l'autre cas l'ouverture d'une communication à vapeur ininterrompue sur tout le parcours du tracé projeté aurait été sensiblement retardée. A la suite de ces considérations on se décida pour la construction d'un embranchement de 73,52 km. d'Irkoutsk au cap Barantchouk, sur le lac Baïkal, où fut construit un débarcadère. C'est de ce débarcadère que les trains seront transportés, sur des brise-glace [1]), à l'autre bord du lac, sur un parcours de 67 km. environ, jusqu'au débarcadère de Myssovskaïa, qui forme le point de départ de la section transbaïkalienne.

Nous rappellerons à cette occasion que les ingénieurs des voies et communications ont exécuté des travaux grandioses, docks et môles, pour garantir les embarcadères et débarca-

---

[1]) Ce mode de transport est pratiqué en Amérique sur le détroit qui sépare les lacs Michigan et Huron, il est vrai sur un parcours de 13 km. seulement, et en Danemark — entre les îles.

dères contre l'impétuosité des vagues et des tempêtes.

Malgré les frais considérables occasionnés par ces constructions, les études de la ligne de contour Irkoutsk-Myssovskaïa furent continuées, et, à l'heure qu'il est, il est permis de croire qu'il serait préférable de faire prendre au tracé la direction sud à partir de Barantchouk, en faisant un coude, jusqu'à Koultouk, situé à l'extrémité sud du Baïkal, pour suivre ensuite la côte du lac dans la direction sud-est et longer, dans cette partie du parcours, l'ancienne route postale aboutissant à Myssovskaïa. Cette ligne, sur une longueur de 332,67 km.[1]) offrirait 19 tunnels, dont la longueur varierait de 17,07 à 789,78 mètres et qui présenteraient un total de 3841,20 mètres de travaux de percement.

Tout autre tracé de la ligne Irkoutsk-Myssovskaïa entraînerait des frais plus considérables sans abréger la distance susmentionnée (332,67 km.); c'est pourquoi nous ferons entrer ce chiffre dans la composition du total de longueur du Transsibérien.

La section transbaïkalienne, Myssovskaïa-Pokrovskaïa, qui forme la continuation de la ligne de contour du Baïkal, devait, à l'origine, traverser la chaîne escarpée, rocheuse et sauvage

[1]) La construction de cette ligne a été confiée à B. Savrimovitch.

du Khamar-Daban. Le versant de cette chaîne est coupé, du côté du lac Baïkal, par la Mantourikha et sillonné de torrents impétueux formant des „padi“ (profondes vallées latérales); ces vallées s'étendent dans différentes directions et ravinent profondément le sol entre ces cours d'eau, en produisant des massifs de forme, de grandeur et de hauteur variées.

Le versant opposé du Khamar-Daban, du côté de la Selengha[1]) est aussi accidenté et entrecoupé de rivières, telles que l'Oranghaï, l'Ouboukounne, et le Zagoustaï.

Les contours heurtés du Khamar Daban sont quelque peu adoucis par le voile épais de la taïga.

Aux obstacles opposés au tracé de la ligne par le relief même viennent s'ajouter les inondations et les tremblements de terre, si fréquents dans ces régions, et qui produisent souvent des modifications dans l'orographie et la composition même du sol.

Ces conditions furent la cause, qu'après des recherches prolongées et minutieuses, on se décida pour la direction suivante: de Myssovskaïa la ligne, après avoir longé le bord du Baïkal, contourne la chaîne du Khamar-Daban au nord, suit

---

[1]) La Sélengha est la principale artère fluviale de Transbaïkalie; elle coule dans une vallée serrée entre les montagnes à différents endroits.

la vallée de la Sélengha, pour faire un coude assez brusque vers le sud-est, à Tataourova, et atteindre enfin l'usine de fer de Pétrovsky[1]), par Werkhné-Oudinsk; à partir de Pétrovsky, situé sur la Baliaga, la ligne remonte la belle vallée du Khilok, qui appelle pour un moment notre attention.

Cette vallée est formée d'un côté par la ligne de partage des eaux de l'Ouda et du Khilok, et de l'autre par le Iablonovoï Khrébet, qui la domine à une hauteur moyenne de 1087 mètres. La vallée du Khilok offre une grande étendue de terres labourables et de pâturages; la population est en partie sédentaire, en partie nomade. Les premiers s'occupent d'agriculture, d'élevage et de chasse, en hiver. Quant aux nomades, Bouriates pour la plupart, ils paissent leurs troupeaux en été dans la vallée sablonneuse et rocail leuse de l'Ouda, qu'ils s'empressent de quitter aux premières approches de l'automne, pour descendre dans celle du Khilok, où ils ont amassé des provisions de foin pour l'hiver. La localité appelée Boda constitue un des endroits de cette vallée les plus favorisés par la nature. Aux abords de la station „Khilok", sur la ligne transbaïkalienne, une église a été élevée au nom de

---

[1]) Cette usine métallurgique fondée en 1788 sur le Mykhart, appartenant au bassin de l'Ouda, dans la Transbaïkalie occidentale, dessert le district de l'Altaï; elle dispose de 109,200 hectares de forêts.

St. Nicolas et de St. Alexandra, en mémoire du couronnement de LEURS MAJESTÉS, et inaugurée le 11 octobre 1898. Cette église, la première achevée de celles qui sont en construction le long du Transsibérien, est située à un endroit escarpé sur les bords si pittoresques du Khilok, au milieu d'une nature sauvage et grandiose.

Escaladant la chaîne du Iablonovoï, la voie descend le versant opposé par le col de Kouka, entre les deux rivières du même nom, dout la seconde va rejoindre l'Ingoda [1]) par la rive gauche.

La ligne traverse ensuite Tchita, chef-lieu de la Transbaïkalie, si riche en métaux précieux, pour aboutir à Kaïdalova [2]) qui forme actuellement le dernier point de la ligne de Transbaïkalie (Myssovskaïa-Pokrovskaïa), selon le projet primitif. La longueur de la section Myssovskaïa-Kaïdalova est de 835,46 km. [3]).

La tracé de la voie principale, au lieu de

---

[1]) La rivière Ingoda appartient au bassin de l'Amour, tandis que le Khilok appartient à celui du Baïkal, par la Sélengha dont il est un des affluents. En pénétrant dans le bassin de l'Amour la ligne a laissé à 160 km. au nord le système de la Léna et de ses affluents, présentant une taïga peu accessible et un climat des plus rigoureux; néanmoins les difficultés de la construction vont en augmentant le tracé suivant des gorges sauvages, des pentes abruptes et les rives escarpées de l'Ingoda.

[2]) A 96 kilomètres à l'est de Tchita.

[3]) Préposé aux travaux: O. Pouchetchnikoff.

continuer, à partir de Kaïdalova, par le nord-est vers Khabarovsk, se dirige au sud-est. Un événement important, autant qu'imprévu, fut la cause de cette modification: la Banque russo-chinoise, en vue de développer nos relations commerciales avec le Céleste-Empire, obtint de ce dernier une concession pour la construction et l'exploitation d'une ligne traversant la Mandchourie. Dans ce but fut créée la Société en commandite „Chinoise-Orientale des chemins de fer" dont les statuts furent acceptés, après examen, par le Comité du Transsibérien et confirmés par S. M. l'EMPEREUR NICOLAS II.

La partie sud-est de la section transbaïkalienne, Kaïdalova-Nagadan, traverse les bassins de la Chilka et de l'Argoune, dont la ligne de partage est formée par les contreforts sud de la chaîne de Nertchinsk, présentant une hauteur moyenne de 1280,4 km. Les flancs rocheux de ces montagnes, ainsi que de la chaîne voisine d'Adoun-Tchélon, sont profondément ravinés. L'Onon à l'ouest, et le cours supérieur de l'Argoune au sud-est, forment les principaux cours d'eau de ces régions; la largeur du premier est de 128,0 à 213,4 m.; les bords, plats la plupart du temps, sont escarpés çà et là; l'Argoune, de 128 m. de largeur, coule dans une vallée large de 4,27 km. à 8,54 km. qui, parfois, est inondée par les crues, occasionnées par les pluies, aussi prolongées qu'abondantes dans ces endroits. La partie sud de cette région forme la transition au plateau de Mongolie. La population russe est composée de cosaques et d'agriculteurs qui forment le contingent sédentaire, tandis que les Bouriates et les Toungouses sont nomades.

Les conditions climatériques de la région traversée par la section Kaïdalova-Nagadan, ainsi que la structure du sol, sont identiques à celles de la région coupée par la section occidentale. Cependant les difficultés à surmonter étaient plus considérables à cause de l'absence totale de routes carrossables. Le tracé de Kaïdalova, situé sur l'Ingoda, à Nagadan traverse des hauteurs, tantôt couvertes de forêts, tantôt dénudées, et coupe l'Aga, l'Onone, la Tourga, et l'affluent de cette dernière, la Borzia, pour atteindre la source du Nagadan, auprès de laquelle s'élève la station de même nom. Cette station est située sur la frontière de la Mandchourie, à l'ouest d'Abagatouiévsky karaoul, poste frontière de la Transbaïkalie occidentale (on appelle „karaoul" un poste de cosaques).

La longueur de la section Kaïdalova-Nagadan est de 346,06 km.[1]).

Obs. L'espace compris entre l'Onone et Nagadan a été relevé parallèlement aux travaux des topographes militaires à l'aide du photothéodolite; si nous faisons mention de ce procédé, em-

---

[1]) Préposé aux travaux: O. Pouchetchnîkof.

ployé à titre d'essai, ce n'est que pour constater qu'il ne peut donner des résultats satisfaisants.

La section de Mandchourie, Nagadan-Rossypnaïa-pade[1]). De Nagadan jusqu'aux pieds de la chaîne du Grand Khingan le pays présente une plaine coupée par la chaîne basse de Khoukhoundour et dénuée de toute végétation sur un parcours d'environ 110 km. Cette plaine, à la population sédentaire fort peu dense, est visitée pendant deux ou trois mois de l'année par des nomades qui viennent y paître leurs troupeaux; les forêts et l'eau douce sont excessivement rares, de façon que l'une des futures stations devra s'approvisionner en eau par le moyen du chemin de fer.

Le Khingan avec ses contreforts forme la ligne de partage des eaux du bassin occidental de l'Argoune, et du bassin oriental de la Soungara; les crêtes de ces montagnes sont dénudées, tandis qu'à une hauteur de 16 m. du sommet les flancs se couvrent d'épaisses forêts.

Le versant occidental des contreforts sud de la chaîne du Khingan et de ses embranchements descend en pente douce jusqu'aux vallées des rivières, tandis que le versant oriental, aux abords de ces vallées, forme des murailles abruptes, hautes de 320 m. à 426 m.; le col le plus prati-

1) Localité de notre territoire situé le long de la frontière qui sépare la Mandchourie de la province de l'Oussouri.

cable est à 1067 m.; à la hauteur de ce col est situé un temple bouddhiste, résidence d'un lama et seule construction permanente de toute cette partie de la Mandchourie.

Les approches du Khingan sont absolument désertes, et le climat en est fort malsain. Le versant oriental surtout est infesté en été d'insectes à la piqûre douloureuse qui rendent impraticable pendant cette saison l'unique route postale, celle de Khaïlar à Tsitsikar; cette route, du reste tout à fait primitive, n'est jamais réparée.

La plaine, qui s'étend du versant est de la chaîne de Khingan jusqu'à la ville de Pin-tchou sur la Soungara, à certains endroits, (comme par exemple près de Tsitsikar et sur l'espace entre Khoulan-tchen et Pin-tchéou), offre des champs bien cultivés, des potagers et de beaux pâturages. La population est assez dense; les routes—primitives et mal entretenues; les matériaux de construction, tels que le bois, le ciment, la pierre, la chaux etc. ont dû être amenés de loin.

Presque tout le parcours de Pin-tchou à Nikolsk est hérissé de chaînes, dont la plus élevée est celle de Tchan-Bochan, située au sud. Le relief est excessivement compliqué, à cause des sinuosités des crêtes, tant de celles des chaînes principales, que des embranchements; c'est un amas chaotique ne présentant ni chaînes dominantes, ni points de repère orographiques. Les masses rocheuses s'effritent rapidement sous l'influence des pluies abondantes, des chaleurs torrides de l'été et de la rigueur de l'hiver. Le bassin de la Soungara, en chinois Sun-Khé-Kiang, arrose toute la partie nord-est de la Mandchourie, que doit traverser la voie principale. L'affluent le plus important de la Soungara est le Moudan-Dzian, qui sort des contreforts du Kharba-Line. Les crêtes qui bordent cette vallée portent les traces de l'action des forces volcaniques; il existe une légende, selon laquelle, après un tremblement de terre, l'eau de la rivière fit place à un torrent de lave. Parmi les cours d'eau n'appartenant pas au bassin de la Soungara, le plus important est le Souïfoun. Ce fleuve, qui mérite plutôt le nom de torrent, prend sa source sur le versant est de la chaîne de Boé-Line, se dirige d'abord vers le nord, et, après avoir reçu à sa rive droite les eaux de son affluent le Siao-Souïfoun, fait brusquement un coude vers l'est; sur les confins de la Mandchourie et de l'Oussouri, en amont de la stanitza de Poltavskoï, le Souïfoun, sortant d'une gorge, va se jeter dans le golfe de l'Amour; entre ce dernier et la station de Nikolsk, située plus au nord, le courant est moins rapide. La vallée du Siao-Souïfoun, remarquable par sa fertilité, est peuplée de Chinois qui s'y sont établis en grand nombre.

La partie est de la Mandchourie est sujette à de fréquentes inondations causées par les pluies torrentielles qui se répètent chaque année: les localités qui ont le plus à souffrir de ce fléau sont celles situées dans les bassins du Souïfoun, du Moudan-Dzian, du Mourène et de Tumène-Oula; les vallées des deux dernières, couvertes à l'ordinaire de villages, de fermes, de cultures, présentent après l'inondation à beaucoup d'endroits l'aspect de déserts sablonneux.

La Mandchourie est infestée de brigands bien armés (Khounkhouzes), fort dangereux pour les voyageurs. Les travaux de terrassement ont été exécutés par des Chinois sous la direction d'instructeurs russes.

A la suite des données topographiques exposées plus haut, la ligne Nagadan-Rossypnaïapade, suit la direction longitudinale, en touchant les localités Moutny-Protok, qui signifie „eau trouble", au nord du lac Kouloune (Dalaï-Noor) et Khaïlar [1]) elle traverse le col Tché-Dyun du Grand-Khingan, pour longer la rive gauche du Yal jusqu'à son confluent avec le Tsitsin et couper la Noni à 16 km. au sud de Tsitsikar. De ce point le tracé se dirige en ligne droite au sud-est

---

[1]) La ville de Khaïlar n'a qu'une seule rue bordée de constructions en briques; la population compte de 500—1000 habitants, Chinois et Mandchous, commerçants ou artisans. A la porte nord se trouve un fort beau temple bouddhiste et à 0,55 km. de la ville — la résidence de son Excellence le gouverneur („ambane" en chinois).

sur A-gé-khé, en traversant la Soungara[1]), un peu au sud de la ville de Khoulan-tchen, et continue sur Tau-momi, village situé sur le Moudan-Dsian[2]); elle touche ensuite le poste de Mourikhé, sur le Mourène[3]), et traverse l'embouchure du Badao-Khéts, affluent du Siao-Souïfoun[4]) pour atteindre la frontière de la Mandchourie à Rossypnaïa-pade, localité mentionnée plus haut. De ce point la voie traverse le territoire de l'Oussouri pour rejoindre la ligne Khabarovsk-Wladivostok à la station de Nikolsk, à partir de laquelle elle longe la rive gauche du Souïfoun, et la côte du golfe de l'Amour, en traversant Wladivostok, pour aboutir au point terminus, Wladivostok-port.

Le tracé le plus court de la ligne de Mandchourie, Nagadan-Rossypnaïa-pade, représente une longueur 1547,15 km.[5]). La distance de

---

1) Entre la Soungara et le Moudan-Dzian s'étend la chaîne de Djan-Gouan-Tsilin.

2) Entre le Moudan-Dzian et le Mourène — la chaîne de Kentéï-Alin.

3) Entre le Mourène et le Siao-Souïfoun — celle de Lao-lin.

4) Entre le Siao-Souïfoun et la stanitza Fadéïevskaïa le tracé traverse un massif formé par des chaînes convergentes qui s'y rencontrent, et qui, à leur tour, sont entrecoupées dans tous les sens par des cours d'eau, affluents du Siao-Souïfoun, qui contourne le massif en question.

5) Préposé aux travaux: A. Yougovitch.

Rossypnaïa-pade à Nikolsk est de 117,37 km. [1]), et de Nikolsk à Wladivostok de 108,06 km. [2]).

Ce dernier tronçon, si court, a cependant exigé les travaux d'art les plus considérables et compliqués; c'est ainsi que sur les bords du golfe il a fallu tantôt percer d'épaisses couches de schiste argileux, et de roches, tantôt construire des remblaìs élevés; des pentes mouvantes, alternant avec des arêtes rocheuses venaient sans cesse opposer de nouveaux obstacles aux travaux. Sur une distance de plus d'un kilomètre, la voie longe une paroi basaltique, presque verticale, haute de 64 m., qui surplombe le Souïfoun. C'est surtout à 89 km. au nord de Wladivostok, dans la partie de la vallée du Souïfoun appelée Medvéji Stchoki (joues de l'ours) ou Souïfounskiïa Stchoki, qu'ont été exécutés les travaux d'art les plus considérables; à cet endroit les bords de la rivière tombent à pic, formant des parois de basalte d'épaisseur et de compacité différentes. Dans ces masses rocheuses, reposant sur une couche de sable, il a fallu, à la hauteur de 11 mètres au dessus de l'étiage, tailler une corniche pour poser les rails, de façon que la voie présente une rampe descendant vers la rivière qu'elle côtoie, et surplombée d'une paroi basaltique presque verticale de 53 m. de hauteur.

---

[1]) Préposé aux travaux: A. Jougovitch.

[2]) Préposé aux travaux: O. Wiazemsky.

A la sortie des Souïfounskiïa Stchoki on constata bientôt sur les bords de la rivière des glissements du sol qui rendirent nécessaires des travaux de soubassement: des caissons remplis de pierres furent établis aux endroits menacés, précaution qu'il fallut répéter plus d'une fois, les glissements se produisant souvent aux endroits où l'on s'y attendait le moins. Il va sans dire que des accidents de ce genre ne pouvaient qu'entraver la marche des travaux.

Il est temps enfin de donner un tableau des longueurs respectives du tracé projeté, et de la ligne construite.

	Tracé projeté.	Ligne construite.
	Kilomètres.	Kilomètres.
Tchélabinsk-Irkoutsk-Myssovskaïa	3,570,20	3,579,04
Myssovskaïa-Kaïdalovo-Srétensk-Pokrovskaïa-Khabarovsk	3,424,00	—
Myssovskaïa-Kaïdalova-Nagadan-Rossypnaïa-pade-Nikolsk	—	2,846,04
Khabarovsk-Wladivostok ...	759,70	—
Nikolsk-Wladivostok.......	—	108,06
Total...	7,753,90	6,533,14

A la suite d'erreurs inévitables dans la supputation de la longueur de la ligne Tchélabinsk-

Wladivostok—7,753,9 km. et par le fait de l'adoption du tracé Kaïdalova par la Mandchourie, la longueur de cette ligne n'est plus que de 6,533,14 km. qui représentent une réduction de 1220,76 km. sur le tracé primitif.

Nous passons à la direction des embranchements du Transsibérien, en commençant par celui de l'Oussouri, Nikolsk-Khabarovsk [1]), 655,90 km. [2]).

On avait supposé dans les commencements que ce tronçon de la ligne Khabarovsk-Wladivostok formerait la dernière section du Transsibérien, et que le raccordement de Khabarovsk avec Pokrovskoé, dernier point de la section transbaïkalienne d'un côté, et avec Wladivostok de l'autre, contribuerait à la mise en valeur du territoire de l'Amour tout entier.

On sait que, dès la conclusion du traité d'Aïgoun (le 16 mai 1857), par lequel la Russie acquit la rive gauche de l'Amour, une série d'expéditions scientifiques furent dirigées dans ces

---

1) Khabarovsk, résidence du gouverneur-général, est situé à 48° 28′ de latitude-nord et 135° 6′ de longitude-est de Greenwich, sur la rive élevée et rocheuse de l'Amour à sa jonction avec l'Oussouri; en même temps c'est un point important pour le trafic des fourrures, particulièrement de la zibeline.

2) Préposé aux travaux: O. Wiazemsky.

contrées, ce qui permettait d'espérer que le gouvernement prendrait toutes les mesures qui pouvaient favoriser la colonisation et le commerce de ce vaste territoire aux ressources si abondantes et variées. Au nombre de ces premiers explorateurs se trouvaient: Popoff, Porgatchevsky, Sverbéef, Permykine, et l'ingénieur des mines Anossoff, dont les recherches ont été particulièrement fructueuses. Pendant le voyage du comte N. Mouravief-Amoursky, dans le territoire de l'Amour, en 1864 et 1865, les officiers d'état-major Timroth et Helmersen firent des levés nombreux et recueillirent un grand nombre de données sur la géographie de cette région. Les savants A. Schrenk, K. Maximovitch, R. Maack, Herstfeld, D. Pestchouroff et autres les suivirent de près. Nous ferons observer ici que le projet même d'une grande voie ferrée transsibérienne avait été formé déjà par le premier gouverneur-général du territoire de l'Amour [1]) le comte Mouravieff-Amoursky. Cependant, comme nons l'avons dit plus haut, le tracé et les moyens d'exécution proposés demeurèrent incohérents et contradictoires jusqu'à ce jour.

Ainsi, le territoire de l'Amour a attiré l'at-

---

[1]) Dans une vallée de l'Amour, des émigrés de Corée fondèrent une colonie florissante, nommée Blagoslovennoé dont le nom même—béni—dénote que cet endroit est particulièrement favorisé par la nature.

tention spéciale des savants et de l'administration depuis plus de quarante ans. Malheureusement cette prépondérance sur toutes les autres provinces de notre empire d'Asie ne fut que passagère. Les visites des savants devinrent de plus en plus rares, et c'est à peine si, de loin en loin, on entendait parler de quelque mesure visant au bien-être de ces contrées.

Ce n'est qu'à partir de 1893, lors de l'inauguration des travaux de la ligne Wladivostok-Khabarovsk, que surgit l'espoir de temps meilleurs. Grande fut la joie de la population tout entière lorsque, le 1 Septembre 1897, le lieutenant-général S. Doukhovskoy ayant annoncé à l'EMPEREUR l'arrivée à Khabarovsk du premier train de Wladivostok, il fut honoré de la réponse[1]) suivante de SA MAJESTÉ:

„Je me réjouis avec vous et toute la population du bassin de l'Amour de l'achèvement du chemin de fer de l'Oussouri, dont j'ai inauguré moi-même à Wladivostok les travaux de construction, conformément au désir de mon Père, d'éternelle mémoire. Dieu veuille que cette section du chemin de fer transsibérien rende au pays tous les services qu'on en attendait et devienne un puissant instrument de progrès pacifique dans ces confins éloignés de la Russie" NICOLAS.

1) Journal de St. Pétersbourg, 1 (13) novembre 1897.

On voit par ces bienveillantes paroles, que les intérêts du territoire de l'Amour[1]) sont chers au coeur de notre SOUVERAIN. Cependant le sort en avait décidé autrement: le chemin de fer de l'Oussouri se trouve, par suite de la nouvelle décision dont nous avons parlé plus haut, coupé en deux tronçons, l'un de Nikolsk à Wladivostok, de 108,06 km., qui seul faisait partie de la voie principale, et l'autre de Nikolsk à Khabarovsk, de 655,90 km., qui fut réduit à l'état d'embranchement formant la prolongation, dans la direction nord, de la première section de l'Oussouri, Nikolsk-Wladivostok, décrite plus haut. Quittant la vallée du Souïfoun ce tronçon décrit plusieurs courbes considérables pour couper le bassin du Souïfoun et du Léfou, ce dernier appartenant au bassin de l'Amour, et descendre ensuite vers l'est. Plus loin le tracé est déterminé par les marais qui bordent le lac de Khanka et par les contreforts formant la ligne de partage des eaux de ce lac et de la rivière Daoubikhé. La ligne serre de près ces contreforts, qu'elle coupe souvent,—quand l'altitude le permet,—traverse plusieurs bas-fonds, — où les eaux stagnantes ont formé des marais, — et gagne la rive droite de

---

1) Le ministère des finances accorda une subvention à G. Groum-Grzimaïlo pour l'édition d'une description de l'Amour accompagnée d'une carte et qui parut en 1894 sous la rédaction du vice-président de la S. I. R. G. P. Séménoff.

l'Oussouri à l'aide d'un grand pont de fer dont la travée mesure 256,03 m.; la voie se dirige ensuite au nord, pour gagner la station de Mouravief-Amoursky, qui s'élève dans la plaine, à 9,6 km. de Grafskaïa-stanitza, située au confluent de l'Oussouri et de l'Imma. Enfin, à 53 km. environ de la station Mouravief-Amoursky, la voie, quittant la vallée de l'Oussouri, s'écarte de 32 km. à l'est, pour aboutir à Khabarovsk.

Nous ferons observer ici que le tracé suit toujours les chaussées ou, du moins, les routes ordinaires et les voies fluviales, surtout quand celles-ci offrent une navigation à vapeur régulière. Le tronçon en question, par contre, n'a rencontré que des chemins vicinaux, ne pouvant être utilisés qu'une partie de l'année, ce qui a rendu nécessaire le percement de routes spéciales pour le charroi des matériaux.

A cause du peu de densité de la population russe de ces contrées et du manque d'aptitude des Chinois et des Coréens, on fut obligé, comme nous l'avons dit plus haut, de recruter en 1891 les contingents d'ouvriers parmi les garnisons locales et les déportés.

La topographie des localités traversées par le tronçon de l'Oussouri n'avait pas été étudiée préalablement[1]), et les travaux étaient exécutés uniquement d'après les données générales four-

---

[1]) Ce n'est qu'en 1894 que l'on eut recours aux topographes militaires.

nies par les recherches préliminaires des années 1887 et 88.

Les ingénieurs avaient à travailler, pour la première fois, dans des circontances exceptionnelles, entièrement différentes de celles qu'offre la Russie d'Europe. Les difficultés de la construction se compliquaient encore des obstacles opposés par les modifications continuelles du sol sous l'action de différents phénomènes atmosphériques et qui se produisaient parfois pendant l'exécution même des travaux. Des accidents de ce genre ne pouvaient qu'inspirer des appréhensions au sujet de l'exploitation, si l'on continuait à se conformer aux susdites études, dont l'insuffisance était manifeste. Aussi les ingénieurs furent-ils chargés en 1893—94 d'entreprendre des études ayant pour but la détermination d'un nouveau tracé et qui donnèrent les résultats suivants: 1° la longueur de la ligne de l'Oussouri, à partir de Mouravief-Amoursky jusqu'à Khabarovsk, fut réduite de 16 km.; 2° en réduisant le nombre des tranchées plus ou moins considérables, on réalisa une économie de 679,840 mètres cubes; 3° en abandonnant la vallée de l'Oussouri pour traverser les affluents de la rive droite, la voie évita plus des $^3/_4$ de l'espace sujet aux inondations; 4° le chemin de fer, en laissant de côté la voie fluviale de l'Oussouri, a créé une nouvelle ligne de communication; enfin, 5° des deux côtés de la ligne on a obtenu une bande de 320 km.

favorable à la colonisation, indépendamment de la zone qui longe l'Oussouri.

Il est vrai que le tronçon Nikolsk-Khabarovsk ne produira pas une grande révolution dans les moyens de communication des pays arrosés par l'Amour, et que c'est plutôt la province de l'Oussouri qui bénéficiera de la construction de cette ligne.

Obs. A partir de l'époque où le traité de Pékin, signé en 1860 par la comte N. Ignatief, assura à la Russie la possession de la rive gauche de l'Amour, de l'Oussouri avec tous les ports de mer jusqu'à la baie de Possiet, ainsi que d'une partie de la côte de Mandchourie, et jusqu'à ce jour, le nombre des émigrés venant de la Russie d'Europe par Odessa, Singapore, et Wladivostok, a atteint le chiffre de 44,500, il est permis de croire qu'à la suite de l'ouverture du Transsibérien et de l'embranchement en question notre influence politique et économique en Extrême Orient aura gagné une base solide.

Un arrangement spécial plus récent entre la Russie et la Chine nous octroie le droit de construire un embranchement destiné à relier les ports Arthur [1]) et Ta-lien-van à la grande ligne

[1]) Port-Arthur est situé sur la côte sud-est de la presqu'île de Lao-Doun à 38° 48′ de latitude nord et 121° 15′ de longitude de Greenwich.

transsibérienne. Ce tronçon se dirige de la station de Khaarbine (section de Mandchourie), située à 993,38 km. à l'est de Nagadan,—sur Port-Arthur. Allant du nord au sud, ce tronçon, sur une longueur de 1017,92 km.[1]) touche les points suivants: Khaarbine, Sian-tsia-tsi, situé sur la Soungara, Tchan-tchoou ou Kouan-tchen-tsi, à 110 km. à l'ouest de Kirin, se dirige ensuite sur Télin, en laissant à l'ouest Tchan-tou-fou, et à l'est Moukden, Lao-Yan-tchoou, Khou-tchouan-toun, Haï-ping et Port-Arthur.

De la station de Kazen-pou, à 48 km. au nord de Port-Arthur, un embranchement de 17 km. se dirige sur le golfe de Da-lan-van (Ta-lien-van).

Une baie admirable de ce golfe, appelée par les Anglais baie de la reine Victoria, a été désignée par la nature même pour la fondation d'un port de commerce. Aussi, en août 1899, il a été procédé dans cet endroit à la construction d'une ville et d'un port, qui ont reçu le nom de Dalny, („lointain" — en russe). Tant que la province de Gwan-Toung sera régie par la Russie ce port, ouvert aux flottes des toutes les nations, ne cessera d'offrir au commerce tous les avantages d'un port franc.

Grâce à sa situation, Dalny est appelé à de-

[1]) Préposé aux travaux: A. Yougovitch.

venir un centre de commerce des plus importants, qui formera avec le temps le point terminus du Transsibérien auquel il donnera la direction suivante: Tchélabinsk-Khaarbine, 5753,94 km., et Khaarbine-Dalny, 996,92 km.; total: 6740,86 km.

Ce tracé, ne dépassant que de 207,72 km. la longueur de celui de Tchélabinsk-Khaarbine, 5753,94 km. et Khaarbine-Wladivostok, 779,20 km., mentionné plus haut, offre l'avantage d'aboutir à un port ouvert toute l'année et de traverser des territoires nouveaux en favorisant ainsi l'essor du commerce dans ces régions.

En mentionnant ces deux embranchements, nous croyons à propos de rappeler la communication suivante du Messager officiel: „L'ouverture du port de Ta-lien-van aux bâtiments de commerce de toutes nationalités créera en Extrême-Orient au commerce et à l'industrie un nouveau marché très étendu, grâce à la grande ligne transsibérienne, appelée désormais, par suite de l'accord conclu entre la Russie et la Chine (le 15/27 mars 1898), à relier les points extrêmes de deux parties de l'Ancien Monde".

Obs. L'intensité du trafic de la voie transsibérienne dépassant les prévisions, l'administration s'est vue obligée d'augmenter le nombre des trains, avant même la fin des travaux. Cette mesure, qui aura pour suite la réduction du nombre des arrêts, n'ayant été portée à notre connaissance qu'au dernier moment, nous avons dû renoncer à marquer sur notre carte les stations de la ligne de Mandchourie, actuellement encore en voie de construction.

L'embranchement de Srétensk à Kaïdalova, point de jonction de cette ligne longue de 264,78 km.[1]) avec le Transsibérien, a pour but d'obvier aux inconvénients de cet isolement du Priamourié (territoire de l'Amour).

Ainsi Khabarovsk est réuni à la ligne principale par deux voies divergentes, dont l'une, le chemin de fer de l'Oussouri, se dirige sur Wladivostok, et l'autre, constituée par la voie fluviale de l'Amour et de la Chilka, à laquelle vient se joindre le tronçon susmentionné, va jusqu'à Kaïdalova. Toutefois cette communication est encore insuffisante pour les raisons suivantes: a) Wladivostok est le point de l'Empire le plus éloigné de la Russie d'Europe; b) la navigation à vapeur sur l'Amour et la Chilka, quoique fonctionnant depuis plusieurs années, du moins pendant la belle saison, est sujette à de fréquentes interruptions, et c) la route qui suit la frontière de Chine et le cours de l'Amour n'est praticable que par endroits, et encore, à la suite des dégâts causés par les intempéries, toute

---

[1]) Préposé aux travaux: O. Pouchetchnikoff.

communication est-elle rendue impossible pendant un mois ou deux de l'année. Cependant l'affluence de la population devient de plus en plus considérable, et il est hors de doute que les capitalistes entreprenants, ainsi que les savants explorateurs, seront à leur aise dans la région de l'Amour, où ils trouveront tout ce que requiert une vie laborieuse et productive: la sécurité complète de leurs personnes et de leurs biens, des forêts vierges, des terres fertiles, des prairies et des pâturages magnifiques, des rivières poissonneuses, et des montagnes riches en métaux, y compris l'or.

On comprendra que, pour favoriser le développement de cette région, il est avant tout nécessaire d'y établir des voies stables de communication, moins coûteuses que les chaussées, vu le grand nombre de points à relier, mais qui permettent cependant d'organiser le transit de façon à en faire bénéficier tout le territoire. A l'heure qu'il est, on a commencé l'étude d'une ligne joignant Khabarovsk à une station du Transbaïkalien et qui traversera la partie nord-ouest de la Mandchourie, en touchant Blagovéstchensk.

En même temps les ingénieurs des voies et communications, ayant terminé les recherches sur le tracé d'une ligne du chemin de fer entre Khabarovsk et Srétensk, ont soulevé la question de l'utilisation de ces travaux dans le but de réunir ces deux points par une chaussée de 1,600 km. [1]).

En complétant cette voie de communication par la construction de 540 km. de routes latérales, le territoire de l'Amour sera suffisamment relié au Transsibérien.

Ces lignes raccordées avec les voies fluviales mentionnées plus haut (§ 8) seront d'une grande importance pour la vie économique, non seulement du territoire de l'Amour, mais encore de toute la Sibérie.

Pour terminer cet aperçu des conséquences que la construction de la ligne Kaïdalova-Srétensk entraînera pour tout le territoire en question, nous donnerons quelques indications sur la topographie du rayon traversé par cette voie.

Pour effectuer les recherches concernant la partie de cet embranchement qui côtoie l'Ingoda sur un parcours de 245,4 km., à partir de Tchita jusqu'à Oust-Onone, ainsi que les 181,7 km. qui forment la prolongation de cette ligne d'Oust-Onone à Srétensk, les ingénieurs furent obligés d'établir le tracé en gravissant des rampes escarpées dans une vallée étroite, tantôt à une hauteur de 6—8 mètres au-dessus du niveau de

---

[1]) *Obs.* Nous sommes si profondément convaincu que, tôt ou tard, le territoire de l'Amour sera coupé par une voie ferrée, que nous avons pris la liberté de marquer sur notre carte le tracé adopté à la suite de l'accord avec la Chine et mentionné p. 69.

l'eau, tantôt sur les rochers surplombant les bords de la rivière; à peine quelques endroits plats s'offrirent à eux entre les bourgs de Grodistchensky et Mirsanovsky, où le tracé traversait des champs et des prairies. Néanmoins ces obstacles furent surmontés, et il est hors de doute, que cette ligne rendra les plus grands services, conjointement avec la navigation fluviale, aux endroits situés sur le parcours, tels que Srétensk, Blagovéstchensk, Khabarovsk, Nikolaïevsk [1]; quant aux localités plus éloignées de la voie, elles n'en bénéficieront pas, pour le moment du moins, à la suite du manque absolu de routes. Nikolaïevsk non seulement profitera directement de la ligne qui aboutit à Srétensk, mais encore prendra une plus grande importance par suite de la découverte de riches gisements d'or à quelque distance au sud, près de l'Amgoune.

Nous avons dit précédemment que la ligne principale passe à Mariinsk en laissant sur la gauche le grand centre de Tomsk. Ce tracé, peu rationnel en apparence, présente l'avantage d'une

---

1) Nikolaïevsk est situé à l'embouchure de l'Amour dans le détroit de Nevelskoy ou Tartare, entre la province Primorskaïa et l'île de Sakhaline; cette ville fut fondée 1838 par l'amiral B. Zavoïko, qui signala le premier l'importance de l'Amour à une époque où le territoire du même nom n'était pas encore annexé.

notable économie, les frais de construction et d'exploitation étant réduits à la suite de cette direction rectiligne. Nous ajouterons, qu'en raison de sa position peu avantageuse sur les bords d'une rivière difficilement navigable à cet endroit pendant la seconde moitié de l'été, Tomsk ne semble pas appelé à prendre jamais un développement commercial bien sérieux. Néanmoins cette ville, siège d'une université fondée en 1888 et centre intellectuel de la Sibérie, fut, à la suite d'une pétition adressée à S. M. L'EMPEREUR par les habitants, reliée à la voie principale par une ligne secondaire de 95,34 km. [1]), partant de la station Taïga; ce tronçon, Taïga-Tomsk, peu coûteux à établir, est suffisant pour desservir la ville.

Monsieur le ministre des finances S. Witte, dans son zèle incessant pour le développement des forces productrices de la Russie, attira le premier l'attention sur l'urgence d'un raccordement de la voie transsibérienne avec le port d'Arkhangel[2]). A son instigation, le Comité du

---

1) Préposé aux travaux: K. Mikhaïlovsky.

2) A l'endroit où s'élève actuellement le chef-lieu du gouvernement d'Arkhangel, se trouvait au XII siècle le couvent de St. Michel qui forma le noyau d'une ville où les Anglais firent pour la première fois leur apparition au XVI siècle. Arkhangel est situé au 64° 34′ de latitude nord et 39° 53′ de longitude de Greenwich.

Transsibérien décida la construction d'une ligne de 240,84 km.[1]) de Tchélabinsk à Ekathérinbourg[2]) et d'une autre 866,71 km.[3]) de Perm à Kotlas[4]) afin de réaliser ce plan.

La construction de ces deux lignes, longues de 1107,55 km., donnera les résultats suivants: a) les cargaisons de blé sibérien sortiront librement par la mer Blanche; b) les besoins de toute notre région du nord seront assurés, ainsi que les relations économiques entre la Sibérie et le port d'Arkhangel, enfin, la création d'une flotte marchande sera encouragée.

Le choix des localités traversées par la ligne Tchélabinsk-Ekathérinbourg a été déterminé par la situation des usines métallurgiques de Kyschtym, Werkné-Oufaleï, Polevsky, et Séversky, ainsi que par les intérêts agricoles de cette région.

A partir de Perm, la ligne Perm-Kotlas se

---

1) Préposé aux travaux: K. Mikhaïlovsky.

2) Ekathérinbourg, ville du gouvernement de Perm, est situé à 56° 49′ de latitude nord et 60° 36′ de longitude est de Greenwich, sur la ligne Perm-Tumène (ligne de l'Oural), à 498,29 km. à l'est de Perm; la longueur de la susdite ligne est de 822,66 km.

3) Préposé aux travaux: Martin Ignace Bykhovetz, ingénieur.

4) Kotlas est situé sur la Dwina du nord, au confluent de la Wytchegda; entre ce point et Arkhangel la navigation à vapeur fonctionne régulièrement et depuis longtemps.

dirige d'abord vers l'ouest en touchant les villes de Glazow et Wiatka [1]); elle fait ensuite un coude vers le nord-ouest, et, laissant de côté Solwytchégodsk [2]) aboutit à l'embarcadère de Kotlas. Ici se trouvent de vastes forêts bordant la Dwina des deux côtés sur un parcours de plusieurs centaines de kilomètres. Souvent, sur les crêtes mêmes qui sillonnent ces solitudes, les troncs tombés et pourris ont formé, dans le courant des siècles, des fourrés inextricables et inaccessibles aux rayons du soleil et, par cela, donné naissance à des marécages impraticables. Il est difficile de se rendre un compte exact des efforts qu'a coûté l'établissement du tracé, avec tous les travaux incidents, tels que routes carrossables, ponts de bois sur les nombreux cours d'eau et fascinages sur les marais. On peut donc se représenter quels efforts surhumains a exigé dans ces circonstances la construction même d'une ligne, dont l'étude préliminaire a seule occasionné des frais énormes.

---

1) Wiatka fondé en 1181, sur les bords escarpés du fleuve de même nom possède beaucoup de fabriques et d'usines; le commerce est important, surtout à l'époque des foires qui s'y tiennent chaque année. Les environs sont riches en cultures et en pâturages.

2) Solwytchégodsk, déjà connu aux XV siècle sous le nom d'Oussolsk, à l'heure qu'il est chef-lieu d'arrondissement du gouvernement de Wologda, est entouré d'épaisses forêts où, jusqu'ici, jamais homme n'a mis le pied, quoique cette petite ville ne soit distante de Moscou que de 1064 km.

Obs. Pendant les études sur le tracé du chemin de fer Wologda-Arkhangel, devant traverser la surface d'un triangle formé par Arkhangel, Kotlas et Wologda, cet espace était appelé par dérision „le cloaque du globe". Au centre de ce triangle se trouvent deux chefs-lieux de districts: Welsk, du gouvernement de Wologda, situé à 875 km. de Moscou, à 61° 5′ de latitude nord et 42° 9′ de longitude est de Greenwich, et Chenkoursk, du gouvernement d'Arkhangel, — 919 km. de Moscou, à 62° 6′ de latitude nord et 42° 54′ de longitude est.

Quoiqu'il en soit, au prix de ces sacrifices, le but proposé a été atteint: les ports d'Arkhangel et de Wladivostok sont reliés par la traction à vapeur, et les solitudes sauvages mentionnées plus haut sont acquises dès aujourd'hui à la civilisation.

§ 10.

Les richesses métallurgiques de la Sibérie étaient presque totalement inconnues avant les recherches ayant trait à la construction du Transsibérien. L'exploitation des gisements aurifères n'avait pour base que les indications pratiques de chercheurs de fortune, qui se transmettaient leurs renseignements de vive voix. Les méthodes seules d'extraction se perfectionnaient par l'application de procédés nouveaux. Cependant la découverte de dépôts d'or était des plus facile, l'or se trouvant à une faible profondeur dans les alluvions. D'autre part, si l'on considère que, selon l'opinion étrange des aborigènes, tout ce qui se trouve à la surface de la terre, ainsi que dans son sein, est un don de DIEU à ses créatures et que, à leurs yeux, la réglementation de l'exploitation n'est qu'une chicane des petits employés, on comprendra aisément que les cas de recherches illicites deviennent de plus en plus fréquents et que ces hardis chercheurs se soient rapidement multipliés, créant un type particulier appelé en Sibérie „Khischtchniki“ (pillards) [1]. Presque tous ces pillards, parmi lesquels il y a des expulsés de la Chine, où ils ont pratiqué le même métier, sont Chinois, ainsi que les brigands du pays (appelés Khounkhouzes); il est extrêmement difficile de les saisir, car ils trouvent toujours abri chez leurs compatriotes établis dans des vallées peu accessibles. Tous ces aventuriers exploitent, sans système aucun, les mines aurifères les plus riches appartenant à de grandes compagnies, et lorsqu'ils ont à faire à de moins productives, ils les ruinent en les encombrant de débris de roches vidées, tandis que par une exploitation régulière et continue on aurait pu encore en tirer profit. Ainsi chaque année plus

[1] Le nom de „Khischtchniki“ est donné aux habitants de la „taïga“, bien armés et s'occupant clandestinement de la recherche de l'or.

de 2,460 kilogr. d'or dérobé sont exportés clandestinement par Blagovéstchensk et la frontière chinoise.

Il est évident qu'une situation aussi anormale ne saurait durer, et qu'il est indispensable de baser sur des principes scientifiques l'exploitation tant de l'or, que des autres richesses cachées de la Sibérie.

C'est pourquoi, sur l'initiative du Comité Transsibérien, depuis 1893, des explorations géologiques et minières ont été entreprises le long de la voie transsibérienne, et une commission spéciale, instituée par le Ministère de l'agriculture et des domaines, sous la présidence de M. le directeur du département des mines N. Dénissoff, a été appelée à étudier cette importante question. En 1895 cette commission a publié des cartes des emplacements des mines d'or, soit de la Sibérie, soit de la chaîne de l'Oural, en désignant à l'attention des intéressés les points miniers suivants: 1° la région de l'Oural, comprenant les districts aurifères de Werkhotourié, d'Ekathérinbourg, et d'Orenbourg; 2° la région de l'Iénisséï — ceux de Iénisséïsk [1]), Atchinsk, Minoussinsk et Kansk; 3° la région de la Léna d'Or (Olekma et Kirensk); 4° toute la pro-

[1]) L'exploitation des filons aurifères situés le long de la Grande-Mourojnaïa, affluent de l'Angara, est déjà projetée.

vince de Transbaïkalie; 5⁰ la province de l'Amour, en particulier la partie nord, et 6⁰ la partie centrale de la province appelée Primorskaïa.

Dans tous ces rayons, les ingénieurs des mines ne purent commencer leurs recherches géologiques de prime abord, n'ayant pas à leur disposition de cartes topographiques. La commission, dans le but d'accélérer les travaux, en a fixé l'ordre de la manière qui suit: d'abord le levé des plans d'une partie du terrain sera exécuté par les topographes militaires, et l'année suivante, aux mêmes endroits, les ingénieurs des mines feront leurs explorations. Ces travaux, menés de front, auront pour résultat la connaissance de la topographie d'une partie considérable du territoire, et, en outre, la carte géologique de la Russie d'Asie, dressée sous la direction du Comité spécial géologique présidé par l'académicien A. Karpinsky, acquerra des indications nouvelles et précises sur les endroits où il est permis de supposer l'existence de gisements d'or. Ces renseignements permettront aux grands capitalistes de joindre leurs efforts à ceux de l'Etat, afin de hâter les explorations géologiques d'une contrée aussi riche que la Sibérie.

Nous noterons en passant que, tandis que la susdite carte n'est encore qu'à l'état d'étude, le ministère des travaux publics en France a déjà chargé M. M. Glasser, Leprince-Rançay et autres, de faire des recherches dans les rayons nommés ci-dessus.

Outre la certitude de faire fructifier les capitaux engagés dans ces entreprises, il ne faut pas négliger la part des trouvailles imprévues, telles que les suivantes: dans les mines d'or de Tsarevo-Alexandre[1]) on avait commencé à laver les sables, puis, supposant qu'ils ne contenaient plus d'or, on les abandonna; quelque temps après on y trouva une pépite de 36,022 kilogrames[2]). Cette trouvaille, due au hasard, aurait été faite de suite, si l'on s'était réglé sur les recherches géologiques. C'est du reste ce qui a eu lieu en 1897, pendant des explorations minières, où l'on a trouvé dans la taïga[3]) de Minoussinsk une pépite de 30,422 kilogr. qui occupe le onzième rang parmi les morceaux d'or natif trouvés dans le sein de notre globe. A ce sujet, nous rappellerons ici que le plus important, du poids de 153,160 kilogr., provient du Chili et se trou-

---

1) Tsarevo-Alexandre dans l'arrondissement de Zlatooust, au sud de la chaîne de l'Oural.

2) Ce bloc est conservé au Musée minéralogique de l'Institut des mines à Pétersbourg.

3) Taïga est situé à 54° 43′ de latitude-nord et 91° 41′ de longitude est de Greenwich, non loin d'une des plus grandes villes de la Sibérie, Minoussinsk (54° 43′ latitude et 91° 41′ longitude), dans le gouvernement d'Iénisseïsk dont le chef-lieu, du même nom, se trouve à 58° 27′ latitude et 92° 2′ longitude.

vait à l'exposition universelle de Londres en 1851.

Les indications de notre carte pour les gisements aurifères sont basés sur les renseignements mis à notre disposition par le Département des Mines, ce qui a rendu nécessaire l'introduction du présent § 10 dans cette Notice.

§ 11.

En 1747, lorsque l'IMPÉRATRICE ÉLISABETH PÉTROVNA acheta l'Altaï à Akinfy (Acynthius) Démidoff c'était un lieu de déportation, ou d'exil, entièrement désert, sauf quelques usines métallurgiques gardées par des cosaques.

Aujourd'hui le district de l'Altaï, occupant environ 43,680,000 hectares, est situé dans la partie sud du gouvernement de Tomsk, sur les deux rives de l'Obi et de ses affluents, les rivières: Koulounda, Aleiï, Katoune, Biïa et Tome, ainsi que le long des bords de la partie supérieure de l'Irtyche.

Le district est partagé par l'Obi en deux parties: à gauche — de vastes étendues de steppes fertiles, à droite — de larges zones de terreau noir (tchernoziom), des forêts vierges, les contreforts de l'Altaï avec leurs immenses richesses minérales et, à la limite Est du district, des gisements houillers inépuisables. C'est pourquoi cette contrée, bientôt après son acquisition, servit de théâtre aux explorations de nombreux savants et de voyageurs distingués, tant russes qu'étrangers. Ainsi l'Altaï fut visité par le botaniste Sievers (1780), le géographe P. Tchikhatchoff [1]), le géologue G. Stchourovsky [2]) dont les travaux jouissent d'une renommée incontestable, par les ingénieurs des mines P. Helmersen et E. Hoffman, P. Babkoff, S. Mirochnitchenko, I. Polétika, A. Potanine, Printz, W. Radloff, O. Struve, etc. Au point de vue topographique l'Altaï fut exploré par M. Meyen, ingénieur, et ses collaborateurs. En 1895 eut lieu l'expédition scientifique des professeurs A. Inostrantzef, de Saint-Pétersbourg, et P. Venukoff, de Kiev, accompagnés de l'ingénieur des mines V. Pletner. Le résultat en fut la découverte de dépôts de houille puissants et surtout faciles à exploiter, à cause de leur position sur un plan légèrement incliné, à proximité du fleuve.

Bientôt après le commencement des travaux du Transsibérien, une section géologique dépendant du Cabinet de SA MAJESTÉ a été créée sur l'initiative du Directeur du Cabinet, P. Goudime-Levkovitch, lieutenant général. Elle se compose d'un chef, A. Inostrantzef,

---

1) Voyage scientifique dans l'Altaï oriental et à la frontière adjacente de la Chine.

2) Voyage d'exploration géologique dans l'Altaï. 1846.

docteur en minéralogie et géologie, et de deux savants spécialistes B. Polénoff et G. Peetz. De plus sont attachés à la section: P. Vénukoff, géologue, professeur de l'université de Kiev et V. Pletner, ingénieur des mines et géomètre du cadastre, pour les travaux cartographiques. La section publie des bulletins sous le titre: „Travaux de la Section géologique du Cabinet de SA MAJESTÉ", où sont communiqués, au fur et à mesure de l'accumulation des matériaux, les comptes rendus annuels des explorations, ainsi que des monographies et des analyses chimiques de matières minérales utilisables. A l'heure qu'il est, ces bulletins forment deux volumes. La Section a déjà procédé à l'édition d'une carte géologique du district de l'Altaï et pris connaissance de 140 ouvrages et articles contenant des données sur la géologie et la géographie du district en question. Ajoutons à ce qui précède quelques détails importants: l'agriculture étant la source du bien-être d'un million d'habitants de ce pays, il n'est pas rare que quelques millions de kilogrammes de blé soient disponibles, après la consommation annuelle. L'industrie et la culture augmentent visiblement: le Transsibérien traverse la partie nord de ce pays, et les susdits dépôts de houille se trouvent à la distance de 55 km. du chemin de fer. On a accordé aux capitalistes l'autorisation de pratiquer les fouilles nécessaires pour l'exploitation de ses richesses minéralogiques, et même il y a déjà des compagnies sérieuses qui extraient le charbon et le fer; la navigation à vapeur sur l'Obi et l'Irtyche commence à s'organiser. Une société privée a conçu le plan grandiose de relier par un chemin de fer la région de Sémirétchié au Transsibérien; les travaux seront entrepris en 1900; la voie se dirigera sur Wernoé, Sémipalatinsk, Belagatch, Barnaoul, et longera ensuite l'Oka, en touchant Salaïr et Koltchouguino, pour aboutir à une station du Transsibérien, entre la Tomi et l'Obi.

Enfin l'Altaï qui occupe la position géographique la plus favorable de toutes nos possessions asiatiques, et devient le lieu de prédilection des émigrants de la Russie d'Europe.

Toutes ces raisons font espérer que, dans un avenir prochain, ce district deviendra un centre de culture intellectuelle pour la Sibérie.

Les domaines du district de Nertchinsk, ainsi que ceux de l'Altaï, dont les plans ont été sanctionnés par S. M. l'EMPEREUR ALEXANDRE II, le 27 juillet 1856, constituent la propriété individuelle de l'EMPEREUR régnant. Ce territoire s'étend du confluent de la Chilka et de l'Argoune [1]), en longeant cette dernière jusqu'au poste d'Abagatouïewsky à l'est; au sud —

---

[1]) Le cours supérieur de l'Argoune figure sur les cartes de la Mandchourie sous le nom de Khaïlar.

jusqu'au Yablonovoï Khrébète, en suivant la frontière chinoise; la limite ouest est constituée par la susdite chaîne, la Domninskaïa, affluent de l'Ingoda, et la Witime; de cette dernière elle se dirige vers le nord-est, jusqu'à la source de la Grande Tchitchatka, où elle fait un coude vers le sud-est, pour rejoindre le confluent de la Schilka et de l'Argoune.

Les montagnes portant le nom de ce district regorgent de houille et de minerai; elles sont particulièrement riches en mines aurifères, situées sur la Kara à 110 km. de Srétensk: celles de Nijné-, de Sredné- et de Werkhné-Kiriisk, de Loujansk, sur la rivière de même nom, et les bassins miniers Chilkinsky, Nijné- et Sredné-Gazimoursky et Oundinsky, etc. La partie sud offre de vastes plaines propres à l'agriculture et d'excellents pâturages.

Le district de Nertchinsk est peuplé d'aborigènes, de paysans établis sur les terres de l'Etat, de cosaques, et d'émigrés de toutes conditions. La partie nord est inoccupée pour le moment; les steppes sont parcourues par des Toungouses et des Bouriates; les émigrés de vieille date et les nouveaux arrivants sont disséminés sur toute la surface du district. Les terres des paysans, qui, dans le temps, dépendaient des usines du Cabinet, et furent ensuite incorporés aux cosaques de Transbaïkalie, sont marquées sur notre carte par la teinte affectée aux terres des cosaques de Sibérie domiciliés hors des limites du district de Nertchinsk.

La distribution des terres à tout ce contingent, tant pour les communes que pour les particuliers, a été effectuée selon les règlements en usage. Tous les terrains restés inoccupés après ce lotissement restent à la disposition exclusive de leur AUGUSTE possesseur, l'EMPEREUR régnant.

Le domaine du district de Nertchinsk est traversé par une section du Transbaïkalien, à partir du col de Kouka (dans le Yablonovoï Khrébète) jusqu'à la station de Nagadan, sur les confins de la Mandchourie, et par un embranchement de la même ligne de Kaïdalova à Srétensk.

Le domaine du Mourgab embrasse 113,460 hectares, entre la rive droite du Mourgab et les ruines de l'ancien Merv, au point où se trouve actuellement la station Baïram-Ali du chemin de fer de l'Asie Centrale, Krasnovodsk-Andijan [1]).

On sait que dans ces localités la sériciculture existait depuis longtemps; ainsi, en 1795, quarante mille ouvriers sériciculteurs furent envoyés de Merv à Boukhara dans le but d'y répandre l'élève du ver-à-soie et la fabrication des soieries. Actuellement, en vue des circonstances favorables que présente ce domaine pour la culture du coton, une manifacture munie des derniers perfection-

---

[1]) Voir p.p. xv, xvi de la Légende.

nements y a été construite pour favoriser le développement de cette industrie.

L'eau nécessaire à l'arrosage des plantations, abstraction faite de la consommation par les habitants du district de Merv, est recueillie dans des citernes au moyen d'un vaste barrage en maçonnerie, pour être dirigée ensuite dans les champs par des voies d'irrigation.

L'intérêt que présente ce domaine impérial, nous a porté à marquer ces terres sur notre carte par une teinte particulière, et de leur consacrer dans cette notice un § spécial.

§ 12.

Les cosaques tiennent dans la vie historique de la Russie une place unique; ils forment un contingent qui n'a d'analogie nulle part, et sont tous, sans exception, astreints au service militaire. C'est surtout la garde des frontières qui leur a été de tout temps confiée.

Les cosaques de Sibérie ont été les premiers colonisateurs, les premiers pionniers de la civilisation et les maîtres des peuplades indigènes, jusqu'au moment, où, grâce aux services rendus par cette milice héroïque, les explorations des Russes en Asie ont pu prendre le caractère d'expéditions scientifiques dans le sens propre du mot. Les premiers voyageurs russes dans l'Asie septentrionale dont les noms nous soient parvenus, sont les deux atamans ou officiers de cosaques, Pétroff et Yalychef. Envoyés en 1567 par le tsar JEAN le TERRIBLE pour explorer les pays situés au delà du territoire connu à cette époque, ils visitèrent les bords du lac Baïkal, la ville de Pékin et même les côtes de la mer du Japon.

A mesure de l'agrandissement de notre territoire les cosaques s'établissaient à proximité des frontières russes, tant en Europe qu'en Asie. Jusqu'àu commencement du siècle, la prise de possession et les droits à la terre n'étaient soumis à aucune réglementation de la part du gouvernement; il se bornait à accorder aux cosaques aide et protection dans les conflits qui s'élevaient entre eux et les populations indigènes.

A l'heure qu'il est, les cosaques occupent en Sibérie une assez vaste surface de terres fertiles à proximité de la frontière sud, à partir de la „stanitza" (village de cosaques) Zvérinogolovskaïa [1]) jusqu'à la mer du Japon.

Les Cosaques de Sibérie occupent une bande de terre étroite, mais ininterrompue, depuis la stanitza sus-nommée jusqu'à Omsk, puis, au sud, diverses parcelles, le long du cours de l'Irtyche, vers la frontière chinoise et à l'est de cette frontière.

---

1) Au bord de la rivière Tobol, qui se jette dans l'Irtych, affluent de l'Obi.

Les terres des Cosaques de Transbaïkalie se trouvent plus à l'est, dans les territoires suivants: Troïtzkossavsk, Sélenghinsk, Akmolinsk, Tchita, et Nertchinsk.

Les terres des Cosaques de l'Amour présentaient, jusqu'en 1894, des parcelles isolées, échelonnées sur la rive gauche de l'Amour; ce n'est que ces derniers temps qu'on y a ajouté, au nord de ce fleuve, une bande de 43 km. de largeur, à partir de la stanitza Pokrovskaïa jusqu'à la ville de Blagovéstchensk, et une partie du territoire situé entre les sources des rivières Raïtchikha et la Grande Bira, ainsi que le long de l'Inn Bir et de l'Inn jusqu'à la jonction de ce dernier avec l'Ourmi.

Les terres des Cosaques de l'Oussouri n'ont été ni délimitées, ni régulièrement réparties. Aussitôt que l'embranchement du chemin de fer de Wladivostok à Khabarovsk fut ouvert, des cosaques de la Russie d'Europe émigrèrent dans ces territoires et se mélangèrent à ceux de l'Oussouri.

Il va sans dire que le contingent des Cosaques de Sibérie, dont le noyau s'est formé il y a trois cent ans des restes de l'armée de Yermak, le conquérant de la Sibérie, ne joue plus, à l'heure qu'il est, le rôle important dont il a été question plus haut. Cependant les particularités intéressantes de cette milice, qui se sont conservées jusqu'à ce jour, permettent de croire que ce rôle n'est par fini. L'administration des troupes cosaques possédant une section d'arpentage, les travaux de cette section peuvent être utilisés pour la cartographie des territoires occupés par ces troupes.

Ce sont là les raisons qui nous ont décidé à marquer sur notre carte ces territoires en les désignant par une teinte spéciale.

Conclusion.

En soumettant au jugement du public une carte dont les données ne sont pas d'une exactitude égale dans toutes ses parties, nous avons cru de notre devoir d'indiquer les causes de ces anomalies, en donnant une appréciation des travaux d'après lesquels sont rédigées en général les cartes de la Russie. Notre Notice a déjà établi les faits suivants: le champ d'activité des topographes militaires est fort restreint (voir § 1, p. 3); des modifications importantes doivent être apportées dans les procédés des géomètres du cadastre (voir § 3, p. 9), enfin, il est opportun de mettre des bornes à l'amour propre de nos nationaux, qui les porte à rivaliser de hardiesse avec les explorateurs étrangers dans des entreprises qui ne servent en rien les intérêts du pays. C'est à qui explorera le mieux les hauteurs inaccessibles des Pamirs, ou pénétrera le premier à Lhassa, dans le pays sacré des Lamas, sans parler de ces expéditions téméraires au pôle nord, qui, tout en coûtant la vie à des dizaines de hardis explorateurs, ne donnent aucun résultat positif.

Lorsque le Comité du Transsibérien entreprit une oeuvre dont la réalisation dépendait en grande partie de l'exactitude des données topographiques, ces considérations se présentèrent involontairement à l'esprit. On devait se dire que le but proposé aurait été atteint au prix de sacrifices beaucoup moindres, en temps et en argent, si les forces dépensées par nos explorateurs dans des entreprises lointaines avaient été dirigées sur l'étude approfondie de notre vaste territoire. Nous aurions alors disposé, à l'époque de la construction du Transsibérien, de levés exécutés en temps opportun, avec l'exactitude requise et à une échelle correspondant au degré de culture des différentes parties de l'Empire.

Si nous nous sommes permis cette observation, qui pourrait paraître désobligeante envers des hommes animés des aspirations les plus élevées, et ayant mille fois exposé leur vie pour contribuer à l'extension de notre connaissance de la structure et de la nature de notre planète, ce n'est certainement pas que nous méconnaissions leurs mérites. Les restrictions que nous avons apportées découlent du regret de ne pas avoir vu les meilleures forces de ces hardis explorateurs s'exercer sur un champ d'action présentant à l'heure qu'il est un intérêt de premier ordre, ainsi que de notre vif désir de rapprocher le moment où une heureuse connexité entre les travaux des topographes militaires, des géomètres du cadastre et des voyageurs russes permettra d'espérer qu'il n'y aura bientôt plus de parties inexplorées dans la Russie.

Les explorateurs appartenant à d'autres pays de l'Europe se trouvent dans une situation différente, étant libres de diriger leurs efforts à leur gré, sans avoir à craindre le reproche de négliger les intérêts de leur patrie, dont la cartographie ne laisse plus rien à désirer. C'est ainsi que plusieurs d'entre eux, à l'époque de l'ouverture du chemin de fer transcaspien Krasnovodsk-Samarkand, qui ne compte que 1509,8 km., se portèrent dans les contrées dont cette voie facilitait l'accès. Ces explorations étaient dues en partie à l'initiative des différents gouvernements, ou à celle de sociétés savantes; souvent aussi elles étaient entreprises par des particuliers, à leurs risques et périls et à leurs propres frais. Le territoire Transcaspien, le Khorassan, la Perse, Khiva, Boukhara, le Turkestan, l'Afghanistan, le Kafiristan, les Pamirs, la Mongolie, la Mandchourie, le Thibet, même la Chine, la Corée, le Japon, en un mot, toutes les contrées voisines de la Sibérie furent parcourues par une quantité de savants de différentes spécialités.

Nous avons donc d'autant plus de raisons à croire qu'avec l'ouverture du Transsibérien et du chemin de fer de l'Asie Centrale nos distingués collègues étrangers nous prêteront leur précieux concours pour l'étude de cet immense territoire, qui non seulement présente un intérêt pratique, mais encore offre tant d'attraits variés aux savants qui poursuivent l'étude de la surface de notre planète. Il est donc permis d'espérer que, dans un avenir rapproché, grâce aux efforts du gouvernement russe et à l'énergie des savants de toutes nationalités, la Sibérie sera bientôt aussi bien explorée et connue que les colonies et possessions des états européens dans d'autres parties du monde.

Quant aux matériaux existants, nous croyons de notre devoir de dire que nous sommes loin de croire avoir tiré profit de toutes les données qu'ils contiennent, pour la composition d'une carte de la Russie d'Asie à l'échelle de 1/8,400,000, et avoir satisfait aux exigences de la cartographie moderne. Nous avouons, en outre, que si nous nous étions formé d'emblée une idée exacte de la grandeur de la tâche, nous aurions renoncé à ce travail. Nous rappelons les noms des explorateurs du territoire marqué sur notre carte, à partir de Marco-Polo jusqu'à la fin du XIX siècle. Est-il besoin de dire que dans le courant des âges bien des noms célèbres sont tombés dans l'oubli par le fait des découvertes de voyageurs moins éminents, mais plus nombreux.

Nous dirons encore qu'il n'était pas dans notre intention de noter le développement de la connaissance des propriétés physiques de la surface de la Sibérie et des pays limitrophes à une époque donnée. Notre but est plus modeste: nous avons voulu, à l'occasion de la grande fête de la paix et de la concorde à laquelle l'Exposition convie tous les peuples, rappeler aux géographes les noms vénérés de quelques-uns de ceux qui ont consacré leurs forces à ces travaux si chers à tout géographe. Nous croyons être dans le vrai en disant que, pour l'explorateur d'un pays, rien n'est plus utile que de connaître les travaux scientifiques de ses prédécesseurs, les résultats et la valeur scientifique de leurs études. Nous avouons que, sous ce rapport, notre ouvrage est loin d'être parfait; cependant les résultats consignés dans notre Notice pourront être de quelque utilité aux voyageurs qui désireraient compléter l'exploration de la Sibérie et des territoires adjacents, en se fondant sur des travaux antérieurs.

Nous ajouterons, enfin, qu'à partir du moment où les premières manifestations de l'activité du Comité de la voie transsibérienne furent portées à la connaissance du public, en janvier 1893, nous avons, jusqu'en janvier 1900, consacré à ce travail les rares loisirs que nous laissaient les obligations qui nous incombent en notre qualité de chef des travaux géodésiques exécutés dans la partie occidentale de la Russie d'Europe, sans parler d'autres, qu'entraîne la position que nous occupons. Telles sont les raisons qui nous ont porté, malgré le sentiment pénible de l'imperfection de notre ouvrage, à le soumettre tel qu'il est au jugement du public.

Avant de traiter d'une autre question, d'un intérêt capital, celle de la construction de la voie transsibérienne, exécutée sous le contrôle immédiat du Comité du Transsibérien, nous commencerons par faire observer que les reproches de lenteur, d'apathie, si fréquemment adressés aux Russes, sont, dans ce cas, dénués de fondement. Tous les employés chargés d'opérer en Sibérie ont apporté dans l'exécution de leur devoir un zèle sans exemple, travaillant au milieu de forêts inextricables, infestées d'insectes à la piqûre envenimée, et de bêtes fauves qui, quelquefois, ravageaient les alentours des campements.

Les travaux exécutés par ces ouvriers infatigables ont pu être appréciés à leur juste valeur par M. M. le prince M. Khilkoff, A. Koulomzine, Alexis Yermoloff et autres, qui ont trouvé moyen de s'arracher aux affaires pour consacrer les rares loisirs que leur laissaient les vacances d'été à l'étude, sur les lieux, des besoins de la Sibérie, dans le but de donner à leur activité, aussi éclairée qu'énergique, la direction la plus profitable aux vrais intérêts du pays.

La Sibérie ne possédant aucune usine, et n'ayant point de voies de communication, était dans un tel état d'enfance, que, hormis la pierre, il a fallu faire venir de la Russie d'Europe tous les matériaux nécessaires; on peut même dire, sans exagération, que, dans les premières années, il n'y avait pas un seul clou qui ne sortît des usines de l'Oural. On comprendra quels retards devaient subir les travaux par suite de la durée de ces transports, dont les kilomètres se chiffraient par milliers. Les contremaîtres mêmes durent être transportés de la Russie d'Europe dans l'Oussouri sur les navires de la flotte nationale, et des milliers d'ouvriers furent recrutés parmi les troupes cantonnées en Sibérie et les forçats déportés; très souvent, les cours d'eaux ont nécessité la construction de ponts sur caissons; malgré tous ces obstacles nos ingénieurs ont frayé une voie de 8,658,83 km. pendant les 8 dernières années du XIX siècle. Ajoutons que ces travaux furent exécutés encore plus rapidement que ceux de la ligne du Canada, dont la construction, nonobstant ses 40 tunnels et 5 grands ponts, fut menée avec une rapidité sans exemple jusqu'alors.

Il est à noter que dans l'espace de 5 ans seulement, de 1893—1898, sur 85 ingénieurs des voies et communications, y compris les techniciens qui étaient à leur disposition, 15 sont morts, 12 ont contracté des maladies chroniques, 9 ont perdu la raison, 3 se sont suicidés, et 1 chef de section a disparu sans qu'on ait jamais eu de ses nouvelles, par conséquent plus de 47°/₀ ont été mis hors de combat, comme disent les militaires.

Tous ces chiffres sont suffisamment éloquents

pour qu'il soit nécessaire d'y joindre une observation quelconque.

Si nous passons sous silence l'activité des autres juridictions, dont les travaux ne sont certainement pas moins remarquables, c'est qu'elle n'est pas en rapport direct avec le but que nous nous sommes proposé.

Arrivés à la fin de l'énumération des innombrables travaux nécessités par la construction du Transsibérien, qui inaugure pour la Sibérie une ère nouvelle, nous nous permettrons de rappeler à la mémoire des lecteurs quelques paroles du communiqué de S. M. l'EMPEREUR NICOLAS II, que le ministre des affaires étrangères a remis le 12 août, 1898, aux représentants étrangers accrédités à St. Pétersbourg: „Le maintien de la paix générale et la réduction des armements excessifs qui pèsent sur toutes les nations se présentent, dans la situation actuelle du monde entier, comme l'idéal auquel devraient tendre les efforts de tous les gouvernements".

Les dépenses colossales occasionnées par des entreprises aussi grandioses que la construction de lignes destinées à concourir au rapprochement des peuples des bords de l'Atlantique et de l'océan Glacial à ceux du Pacifique, ainsi que toute une série d'efforts ayant pour but le développement des contrées, vierges encore, de la Sibérie, que ces lignes doivent traverser, constituent un éclatant témoignage de notre ardent désir de voir le succès couronner la généreuse initiative d'une conférence appelée à répandre sur le monde entier les bienfaits de la paix.

Qu'il nous soit permis de placer ici encore une réflexion d'une portée générale. Les géographes ont, plus que personne, présente à l'esprit l'idée que tous nous sommes enfants de notre mère commune la terre; aussi toute tentative de favoriser le rapprochement des peuples sera toujours acclamée par eux, comme concourant à la réalisation de l'idéal proposé dans l'appel sublime à la paix universelle de notre adoré SOUVERAIN, l'EMPEREUR NICOLAS II.

Annexes.

1° LISTE DES VOYAGEURS RUSSES ET ÉTRANGERS DONT LES ITINÉRAIRES SONT MARQUÉS SUR LA CARTE.

Les dimensions de notre carte ne nous permettent pas d'y marquer les itinéraires de toute la phalange des explorateurs des contrées qu'elle précise, et, par conséquent, de donner un tableau complet de toutes les explorations entreprises dans les pays qui nous occupent.

De même, il nous était impossible de nous borner, dans cette énumération, à une période déterminée de ces explorations, vu le but proposé (voir page 1) de la publication de ce travail au moment de l'exposition universelle de 1900, à Paris; nous risquions alors de passer sous silence les noms des coryphées de la science qui furent en même temps les pionniers de l'étude de la Sibérie et des contrées avoisinantes.

Pour éviter l'encombrement, nous n'avons, par conséquent, marqué sur notre carte ces itinéraires qu'en proportion avec le nombre des autres détails. L'exposé qui va suivre démontrera les procédés que nous avons appliqués dans le double but de conserver à notre carte la clarté sans omettre les noms les plus dignes de mention.

Notre carte se compose de 4 feuilles, constituant deux séries, de deux feuilles chacune, disposées la 1e et la 2e en haut, et la 3e et 4e en bas. Tous les itinéraires sont numérotés, et, pour ne pas accumuler les chiffres, nous ne répétons les mêmes numéros que deux ou trois fois. C'est encore pour cette raison, que dans les cas de coïncidence des itinéraires, nous n'en avons marqué sur la carte qu'un seul, quitte à placer les autres dans l'Annexe sous le numéro de leurs collègues. Les numéros sont disposés de gauche à droite par 4 zones, de largeur à peu près égale, chacune des susdites séries contenant 2 zones. Le premier numéro de la première zone se trouve dans le coin nord-ouest de la première feuille; le № 14, dernier de cette zone, marque les travaux des officiers de marine exécutés le long de la côte est de la Tchoukotskaïa Zemlia (territoire des Tchouktches) et du Kamtchatka.

Ce № 14 se répète plusieurs fois: d'abord au sud-est du cap Déjnef, et, en dernier lieu, au cap Lopatka sur la côte sud du Kamtchatka, placé dans la 2° zone.

Obs. Nous ferons ici une petite digression ayant rapport au № 14; un de ces numéros (№ 14) est placé au sud du cap „Vostotchny" (Oriental), qui a reçu, en 1898, le nom de cap Déjnef, en mémoire d'un hardi navigateur russe, le cosaque Simon Déjnef, qui, en 1647, découvrit le point extrême de l'Asie orientale et le passage entre l'Asie et l'Amérique. Ce passage ayant pris quelques années plus tard le nom de détroit de J. Behring, la découverte faite par Déjnef tomba dans l'oubli, et le nom même de ce navigateur n'est guère connu des géographes.

Les chiffres de la seconde zone se suivent de droite à gauche, à commencer par le № 15 jusqu'au № 33; ceux de la troisième — du № 34 à № 72; ceux de la quatrième, de 73—117, sont disposés de gauche à droite, comme dans la seconde.

Notons ici que les numéros ne sont pas attribués exclusivement à la zone donnée, vu que la largeur de ces dernières ne correspond pas à la longueur, prise dans la direction du méridien.

La signification des teintes des chiffres est donnée à la page xi de la Légende; les noms correspondants seront exposés plus bas.

Ajoutons enfin, que notre méthode personnelle de détermination graphique des endroits explorés, ni, du reste, aucune autre, ne dispensent de l'étude des ouvrages ayant rapport aux endroits que l'on se propose de visiter. Néanmoins, il est toujours plus facile de constater quels sont les endroits plus ou moins explorés, en les cherchant sur une carte, même quelconque, qu'en consultant la bibliographie. C'est pourquoi nous donnons à nos lecteurs les noms des explorateurs, ainsi que ceux de quelques points situés dans les régions explorées par eux, en les groupant de la manière suivante:

1e Zone.

Sa Majesté le roi Oscar de Suède, à consacré une partie considérable de sa fortune personnelle à l'organisation d'expéditions maritimes, et, par une heureuse coïncidence, c'est au nom d'un des sujets de ce Souverain, qui a toujours manifesté un si vif intérêt pour les sciences géographiques, qu'appartient le № 1 sur notre carte.

1. Le baron Nils-Adolphe-Erik Nordenskiöld. 1875. Travaux géodésiques au Spitzberg.

M. Korotnef, 1897. Exploration géographique de l'archipel du Spitzberg entre le 76°—81° de latitude nord et le 11°—28° de longitude de Greenwich.

Expédition Russo-Suédoise sous la direction du professeur Jäderin, 1898. Voyage d'exploration dans le but de la définition de la longueur d'un degré du méridien longeant la côte est du Spitzberg, à partir de l'extrémité sud, et ensuite, par le Stor Fjord et le détroit d'Hinlopen, jusqu'à la dernière île nord de l'archipel des Sept-Iles.

Les représentants de la Russie dans l'expédition de 1899 étaient les académiciens O. Baklund et Th. Tchernychef, le géodésiste D. Serguievsky, le météorologiste Stelling, le zoologiste Bialynitzky-Birula, l'astronome Hahn et autres.

2. K. Weyprecht et Y. K. Payer. 1871 et 1872—74. Expéditions austro-hongroises au pôle nord.

3. Frithiof Nansen, en 1893—96, a accompli un exploit sans exemple, qui a fait époque dans l'histoire des explorations de l'océan Glacial arctique. Nous donnons approximativement le point où il quitta le Fram [1]), ainsi que le point le plus avancé, 86° 14′ de latitude nord, atteint pendant son expédition.

4. Les pilotes Bérejnykh et P. Pakhtoussoff ont relevé, de 1821—26, les côtes de Kanine et celle de Sviatoï-Noss à Poustozersk.

5. Expédition au pôle nord de Jackson-Harmsworth. 1894—96.

6. I. Behring, de 1728—30, chef d'une expédition qui avait pour but de résoudre la question de la jonction de l'Amérique avec l'Asie, mais qui n'eut pas d'autre résultat direct, que de le confirmer dans son hypothèse de l'existence d'un passage entre les deux continents.

L'expédition du nord des années 1733—43. Le résultat de cette entreprise, dirigée par Behring, accompagné de 28 savants, fut le tracé sur la carte d'à peu près tout le littoral, de

---

[1]) M. Sverdrup, capitaine.

l'océan Glacial arctique et de plusieurs de ses affluents. Nous donnons, ci-dessous, les noms de quelques auteurs de ces levés topographiques, en suivant la direction de l'ouest à l'est.

Malyguine, Skouratoff, Ivanoff et Ragozine, 1736—37, pour la Pétchora et l'Obi. Mouravieff et Pavloff, 1734—35, pour la baie de Baïdaratzki et la côte ouest de la presqu'île de Ya-Mal. Ovtzyne. 1734—37. Les rives de l'Irtych et de l'Obi, la côte est de l'estuaire de l'Obi et de celui de l'Iénisséï jusqu'à Zvérévo (Zagarevo). Minine. 1738—40. A partir de Touroukhansk au nord, en longeant l'Iénisséï jusqu'à l'embouchure et de là, le long de la côte, au cap Sterlégow. Chariton Laptef, Tchéluskine et Tchékine. 1734—41. Le long de la côte de l'océan Boréal, du cap Sterlégow à la Léna. B. Prontchistchef. 1735—36. De l'embouchure de la Léna, en sens inverse, jusqu'à celle de l'Anabar. Dmitri Laptef, 1735—36, de la Léna à l'est, jusqu'à la Kolyma [1]).

Obs. 1° Antérieurement, en 1725, Behring avait exploré la route maritime et les côtes à partir du golfe Koloutschensky, en contournant la Tchoukotskaïa Zemlia et descendant le long de la côte est du Kamtchatka, environ jusqu'à la hauteur des îles du Commandeur.

---

1) Le levé de la côte de l'océan Glacial, à partir de la Kolyma jusqu'au golfe Koloutchensky à l'ouest de la Tchoukotskaïa Zemlia, sera mentionné dans le № suivant.

Nous ajouterons à la liste des susdits exécutants de ces levés topographiques les noms des explorateurs suivants: De l'Isle, Joseph-Nicolas, chargé de faire des observations astronomiques; Tchirikoff, Sponberg, Walton et l'amiral Alexis Schelting — des investigations maritimes; le professeur Jean Gméline, Etienne Kracheninnikoff et Georges Steller — des études d'histoire naturelle; Gérard Müller, académicien, et Jean-Everard Fischer — des recherches historiques etc.

Malheureusement les résultats de toutes les études de cette importante expédition n'ont jamais été publiés intégralement, et plusieurs manuscrits ont été perdus avant qu'on ait pu s'en servir. Quant à Behring, il périt d'une manière tragique pendant l'expédition même: après avoir erré à l'aventure aux abords du Kamtchatka, il fut transporté malade sur une des îles du Commandeur, où il expira dans une fosse creusée par ses matelots, qui, à défaut de combustibles, le couvraient de sable pour le garantir du froid.

2° A cette occasion, nous citerons le nom de l'infatigable explorateur des côtes de la mer d'Okhotsk, du Kamtchatka et de la mer de Behring, le naturaliste docteur L. Grinévetski, qui, à l'instar de Behring, fut enfoui dans la taïga par les cosaques de son escorte, en 1891, pendant le trajet de Markovo au poste Novo-Mariinsky, fondé par lui à l'embouchure de l'Anadyr.

3. Les explorations géographiques de J. Volochine, colonel, et A. Ressine, colonel, sur les îles de Behring et dans le territoire des Tchouktchis, 1884—85.

7. L'expédition des amiraux Ferdinand de Wrangell et P. d'Anjou de 1820—23. Wrangell, Anjou, Kouzmine et l'amiral Th. Matiouchkine, dont les travaux ont comblé les lacunes laissées par Ch. Laptef, J. Billings, et autres explorateurs du XVIII siècle, dans les levés topographiques du littoral de l'océan Glacial, des deux côtés de la Kolyma. Ils explorèrent le Grand et le Petit Aniouï, (affluents de la Kolyma), la Baranikha, la baie Tchaoun, le cap Schélagsky, le cap de Van-Karem jusqu'au golfe Koloutchensky.

8. Les levés topographiques de la Nouvelle Zemble—par Razmysloff 1768—69 — le détroit de Matotchkine-Schar. Le comte Th. Lütke. 1821—24. Du cap Nassau aux Karskia Worota (portes de Karsk). Les pilotes Pakhtoussoff, Kropivine et Tzyvolko. 1833—36. Le Matotchkine-Schar et les Karskia Worota. Moïsséef et Rogatschef, 1833—36. Du cap Borissoff au cap Lütke et du cap Britvine au Séverny Goussiny-Noss.

K. Behr, académ. en 1837, étudia la faune de la Nouvelle-Zemble (Novaïa Zemlia).

Sternek, Ehrenstein. 1872. De l'embouchure de la Pétchora au cap de la Nouvelle-zemble Séverny-Goussiny-Noss. L. Grinévetski accomplit, avec une hardiesse remarquable, en 1883, un voyage du plus haut intérêt en traversant la Nouvelle Zemble de la pointe sud du golfe de Moller, situé sur la côte sud de l'île, à l'embouchure de la Savina — à l'est.

A. Wilkitzky. 1887. Observations sur les oscillations du pendule à la Nouvelle-Zemble.

L'expédition à Nouvelle Zemle de Th. Tchernychef, académ., 1895. Du cap Séverny-Goussiny-Noss à la station de Malya-Karmakouly; de là, vers le nord jusqu'au Matotchkine Schar, et au travers de l'île, de l'ouest à l'est, jusqu'à la baie de Grégoire Galitzine, appelée ainsi en l'honneur du prince Grégoire Galitzine, protecteur des arts et des sciences. Cette baie est située plus au nord, à proximité de la baie d'Abrossimoff.

Le prince B. Galitzine, académicien extraordinaire, chambellan, entreprit en 1896 un voyage à Nouvelle Zemble dans le but d'y faire des observations pendant l'éclipse totale de soleil et d'explorer une partie de l'intérieur de l'île.

L'expédition du peintre A. Borissoff. 1899. Exploration des côtes nord et est de la Nouvelle Zemble; ces endroits sont fort peu fréquentés en général par les voyageurs au pôle, et l'étendue entre les caps Dalny et Lédianoï n'a même jamais été parcourue par personne.

9. Le baron Nordenskiöld, 1875—76, et 1878—79. Dans les limites de notre carte on

trouvera les points suivants de son itinéraire: le Séverny-Goussiny-Noss, le Youjny-Goussiny-Noss, le Kostkine Schar, les portes de Karsk, l'île de Waïgatch, le Yougorsky Schar, l'île Blanche (Biély), l'île de Kouskine, (de Sibiriakoff), le golfe de Dixon, celui de l'Iénisséï, le cap Tchéluskine, le cap Sviatoï-Noss (Cap Saint), Medvéjy, (les îles des Ours), et l'hivernage de Nordenskiöld, de 1875—76, marqué sur notre carte au nord du golfe Koloutchensky, sur la côte ouest de la Tchoukotskaïa Zemlia; enfin le retour en Europe par le détroit de Behring.

A son arrivée à St. Pétersbourg le baron Nordenskiöld fut accueilli avec une faveur marquée par l'EMPEREUR ALEXANDRE II, qui lui conféra la plaque de St. Wladimir.

10. L'expédition de la Jeannette, partie de la terre de Wrangell, atteignit l'embouchure de la Léna, en touchant les îles de la Nouvelle-Sibérie, en 1878.

L'expédition de la Jeannette, 1879—81. Le détroit de Behring, le cap Serdzé-Kamène (coeur de pierre), l'hivernage de Nordenskiöld, les îles de Jeannette et d'Henriette, jusqu'au point, marqué approximativement sur notre carte, de la „perte de la Jeannette".

Nous croyons à propos de faire mention ici de l'expédition suédoise de Stadling, S. Nilsson et Frankel, qui, en 1898, se rendirent à la recherche d'Andrée sur les côtes et les îles de l'océan Glacial; ainsi que de celle de M. M. Niethorst, Suédois, et Amdrup, Danois, qui espèrent découvrir des traces du hardi aéronaute-explorateur, en basant leurs recherches sur les données contenues dans les fragments d'une dépèche trouvée en Islande.

11. De 1770—73 Liakhoff explora les îles auxquelles il donna son nom, et Sannikoff fit la découverte des îles Fadéïevsky et Kotelny, qui, en 1775, furent portées sur la carte par Khvoïnoff.

Le D-r A. de Middendorff et Vaganoff, top. mil., 1843—44. Krasnoïarsk-Touroukhansk-Doudinskoé — la Doudinka-Korennoé-Philippovskoé, à 71° 25' de latitude nord — le cap Medvéjy-Yar, sur le golfe de Taïmyr.

Obs. A. de Middendorff donna une nouvelle et forte impulsion aux explorations scientifiques des vastes parties de l'Asie septentrionale appartenant à la Russie. Le seul explorateur qui aperçut l'Amour avant A. Middendorff, fut Ladyjensky, officier d'état-major russe, en 1834.

L'expédition de H. Jürgens à l'embouchure de la Léna (Sagastyra), de 1881—85.

L'expédition de A. Bunge et du baron E. Toll. De 1885—86. Verkhoïansk—les rivières Doulgalakh, Boutentaï, Adytcha, Yana —, le village de Yanki (Srédni-Yansk) — Kasatchié — la rivière de Bor-Ouriakh—le cap d'Adjerdaï-Dagh

(Sviatoï Noss)—les îles Liakhof—l'île Kotelny—les îles Fadéïevsky et la Nouvelle Sibérie.

L'expédition du baron Toll. 1893. Touroukhansk-Doudinskoé-Korennoé-Kasatchié- la rivière Khatanga- Popigaïskoé- le long de la côte de l'océan Glacial jusqu'au Sviatoï-Noss.

L'expédition de Th. Schmidt, acad. et du baron Toll. De la Khatanga à l'embouchure de l'Anabar; l'Anabar-l'Olének-Anakit- la Nouvelle Sibérie.

Obs. 1° L'académie des sciences a édité la description des deux voyages du baron E. Toll aux îles de la Nouvelle Sibérie, et de ses explorations dans la région située entre la Yana et l'Anabara.

2° Les susdites îles sont renommées pour les dépôts d'ossements de mammouths et autres richesses peu explorées. C'est pourquoi, en 1899, l'Académie des sciences forma une nouvelle expédition ayant pour but l'étude géologique de ces îles, ainsi que, incidemment, la fixation de la position de la terre de Sannikoff. L'expédition était placée sous la direction du baron E. Toll, explorateur connu par ses voyages dans différents points de la Sibérie, négligés depuis la célèbre expédition, connue sous le nom de Grande expédition sibérienne, qui fut entreprise sous le règne de l'impératrice ANNE IOANNOVNA.

L'expédition arctique du baron Toll coïncidera vraisemblablement avec celle que doit entreprendre, en 1902, la mission scientifique allemande dans les contrées antarctiques, et pour laquelle le gouvernement a assigné une somme d'un million de marcs.

Il est permis d'espérer que l'expédition du baron Toll, sans parler des acquisitions scientifiques, aura pour résultat de résoudre la question de la navigation à vapeur par la mer de Karsk et l'océan Glacial jusqu'à l'embouchure de la Léna, ainsi que celle du ralliement du centre de la Sibérie avec l'embouchure de la Kolyma et les bords du détroit de Behring.

3° Nous croyons à propos de mentionner ici les expéditions sur les côtes nord de la Sibérie des Américains: Bernier — à la terre de Sannikoff, et Yessup — à l'embouchure de l'Indighirka.

12. L'expédition Hedenström, voyageur russe, 1809—11. Levés des bords de l'océan Glacial et de la Nouvelle Sibérie.

P. Anjou, amiral, et le pilote Bérejnykh. 1820—23. Iakoutsk — l'embouchure de l'Olének-Ooust-Yansk- le long de la côte de l'océan Glacial à l'embouchure de l'Indighirka, et levés des bords des îles Fadéievsky, Kotelny, et de la Nouvelle Sibérie.

A. Ressine, colonel, se rendit en 1884 d'Irkoutsk à Pétropavlovsk, d'où il continua vers le nord; il fit une descente sur l'île Verkhotoursky, donnant à la baie où il avait débarqué le nom de la Grande-duchesse Anastasie Mikhaïlovna, entra ensuite dans le golfe d'Anadyr, dans l'océan Glacial, d'où il revint à Pétropavlovsk.

A. Ressine a publié les résultats de cette expédition sous le titre: „Aperçu des populations indigènes du littoral russe de l'océan Pacifique".

13. L'expédition du baron G. Maydell, appelée expédition au territoire des Tchouktchis, de 1868—70. Afanassief, Maydell et Neuman — Iakoutsk, Srednié-Kolymsk, Nijné-Kolymsk, le grand Aniouï, Anadyr et le liman (estuaire marécageux) d'Anadyr. Neuman—Markovo, le petit Aniouï, et Nijné-Kolymsk. Maydell—Markovo, Guijiga et Nijné-Kolymsk. Neuman—Nijné-Kolymsk et les îles de l'Ours. Afanassieff, du petit Aniouï au sud, jusqu'à l'embouchure du Kigali, et de là au nord en longeant l'Omolon jusqu'à Nijné-Kolymsk. Maydell — le petit Aniouï et le cap Yakan. Maydell, Neuman, Afanassief—Sredné-Kolymsk, Verkhné-Kolymsk, l'Oïmékon et Iakoutsk. Maydell — de Srednié-Kolymsk au Chandron, et là, en traversant l'Indighirka, à Verkhoïansk et Iakoutsk. Neuman et Afanassief — voyage d'exploration dans le territoire des Tchouktchis. I. Tchersky. 1891. Iakoutsk-l'Indighirka-Verkhné-Kolymsk.

N. Gondati. 1895—97. La Guijiga-Markovo-l'Anadyr et les côtes du golfe de même nom, jusqu'au cap Tchoukotsky. Gondati, qui passa trois ans parmi les Tchouktchis, a fait des recherches aprofondies sur le territoire d'Anadyr.

M. Sibiriakoff, l'honorable membre de la S. I. G. R., a fourni les moyens pour une expédition ethnographique au territoire d'Iakoutsk en 1896—97, dans le cours de laquelle W. Jokhelson étudia, incidemment, l'industrie et le commerce des fourrures dans le district de Kolymsk.

14. Levés topographiques à vue, exécutés à bord de bâtiments de l'état, et ayant pour base un point exactement déterminé du continent, à partir du cap Déjnef, le long des côtes est du territoire des Tchouktchis et du Kamtchatka, jusqu'au cap Lopatka: Behring, 1725. Wachsel, 1741—42. Tchirikoff, 1742. S. Krachenninikoff, 1766—67. G. Sarytchef, amiral, 1788—1789. Guilaïef, 1790—91. O. Kotzebue, 1816—1817. Th. Lütke, comte, 1828. A. Postels, géol. 1830. Recherches géologiques au Kamtchatka. D. Iliyne, 1830—31. Scripoff, 1835. La Compagnie russo-américaine, 1874. Kirinsky, 1848. Hoeck, 1884.

2e Zone.

15. J. Kozyrevsky entreprit le premier une expédition aux Kouriles. Après lui J. Ievréïnoff et Loujine relevèrent à vue les bords ouest de cinq iles de cet archipel.

J. F. La Pérouse. 1785. Exploration de la partie est des côtes du Kamtchatka, de l'archipel Kourilien, et de la côte orientale de la Mandchourie.

Tébenkoff. 1845. Travaux hydrographiques exécutés dans la mer d'Okhotsk et l'archipel Kourilien.

16. Kouzmine. 1829—30. Description de l'archipel de Chanlar et du pays arrosé par l'Ouda, qui se jette dans la partie ouest de la mer d'Okhotsk.

L'expédition sur les côtes de la mer d'Okhotsk et au Kamtchatka, du mois de juillet 1895 jusqu'en août 1898. Le géologue K. Bogdanovicz, chef de l'expédition, Pauline Bogdanovicz, qui accompagnait son mari, l'officier du corps des pilotes de la marine Léliakine, pour les travaux topographiques et hydrographiques, ainsi que, pour les observations astronomiques, le médecin Slunine, et, de 96—97, l'ingénieur des mines Kischinsky.

L'expédition suivit la côte de la mer d'Okhotsk à partir de Nikolaïevsk sur l'Amour, par Aïan, Okhotsk, Guijiga jusqu'à Pétropavlovsk au Kamtchatka. Bogdanovicz et Léliakine dressèrent une carte de l'espace parcouru de Nikolaïevsk jusqu'à Okhotsk et de la majeure partie du Kamtchatka, en commençant par la côte ouest; cette carte démontre que l'expédition a découvert des alluvions aurifères sur une vaste surface comprise entre Oudsky-Ostrog et Aïan, ainsi que dans la chaîne centrale qui traverse le Kamtchatka du nord au sud.

L'expédition a jeté un jour nouveau sur le caractère des gisements d'or et les conditions d'exploitation le long du littoral de la mer d'Okhotsk. Elle a constaté, en outre, l'existence de gisements de lignite et de fer dans certaines parties du Kamtchatka.

Le médecin Slunine a rassemblé des données sur l'état économique du pays.

K. Bogdanovicz fit, avec sa femme, un séjour de trois mois (octobre-décembre) dans la partie occupée par les Russes de la presqu'île de Kvantoung (Port-Arthur). Il y découvrit des gisements d'or filonien, des alluvions aurifères dans les thalwegs, ainsi que le long de la côte et dans la mer.

Obs. 1° A l'occasion de la construction du Transcaspien, K. Bogdanovicz avait exploré la chaîne du Kopet-Dagh sur la frontière du Khorassan et du territoire Transcaspien, de 1886—88.

2° K. Bogdanovicz, lors de l'expédition du général d'Etat major Pévtzoff, entreprit, indépendamment des travaux de l'expédition dont il faisait partie, les trois excursions suivantes: a) dans les Pamirs, où il explora le premier les glaciers de Moustagh-Ata; b) aux gisements de néphrite (jadéite), déjà connus, sur les hauteurs d'où descend le Yarkend-Daria; c) au bord septentrional du plateau du Thibet et d) aux gisements d'or du Kuen-Luen.

Les études de la compagnie des ingénieurs des mines, sous la direction de K. Bogdanovicz, le long du tracé de la section centrale du Transsibérien. De 1892—95, cette expédition découvrit sur l'Oubianka, la Soudjenka, et aux environs de Tchéremkhovo et Koubékovo des gisements de houille dont elle fit l'étude; elle étudia encore les gisements déjà connus du domaine d'Irbinka et ceux situés aux abords de l'usine de Nicolaévo.

17. M. Yélaguine. 1740. Levés à vue des côtes du Kamtchatka de Bolchéretsk au golfe de l'Avatcha. J. B. Lesseps a visité le Kamtchatka, en 1780.

Le célèbre navigateur russe Jean de Krusenstiern. 1803. Travaux astronomiques, topographiques et hydrographiques au Japon, au Kamtchatka, à Sakhaline et dans plusieurs autres parties de la Sibérie orientale et du Pacifique.

K. de Dittmar. 1851—55. Guijiga—le cap Lopatka, le port de Pétropavlovsk, le Kamtchatka, Nijné-Kamtchatsk, le golfe de Kronotsky etc.

E. Kracheninnikoff et G. Steller donnèrent une description détaillée du Kamtchatka.

18. Travaux hydrographiques et astronomiques exécutés sur les côtes de la mer d'Okhotsk,

levés à vue de ces côtes, ainsi que du détroit Tartare et des embouchures des cours d'eau qui s'y jettent: Ch. Laptef, 1735—41. Khmétofsky, 1743—66. Elistratoff, 1787. G. Sarytchef, 1788—89. Otchérédine et Britoff, 1789. Fomine, 1693—94. Khvostoff et Davydoff, 1802. Potapoff et Borissoff, 1806. Le prince I. Schakhovskoï, 1816—19. Kouzmine, 1830. Maschine, 1840. La compagnie russo-américaine, 1843. V. A. Middendorff et Vaganoff, 1843—44. Savine, 1846. Kouzmine, Savine et Gavriloff, 1847. L'expédition de l'Amour — de Gennadius Névelskoï, l'amiral si connu, qui découvrit et occupa l'embouchure de l'Amour, Ounkofsky et Rimsky-Korssakoff, 1849—54. Klykoff et Tobiesen, 1863—72. K. Staritsky [1]), 1866—71.

19. L'expédition de J. Billings et G. Sarytchef, 1786—94. Iakoutsk, Oust-Maïsk, Okhotsk, l'Oïmékon, Verkhné-Kolymsk. Le chef de cette expédition, Billings, visita en personne le Petit Aniouï, la Tchoukotskaïa Zemlia, et la baie de St. Laurent, de 1791—92.

20. A. Ehrmann, professeur de l'université de Berlin, 1829. Iakoutsk-Okhotsk.

21. A. Middendorff, 1844. Iakoutsk, Oudsky-Ostrog, et le long du versant méridional du Sta-

---

[1]) Mission hydrographique dans le Pacifique 1866—1871, de K. Staritzky, actuellement général-major en retraite. 1873.

novoï-Khrébète, jusqu'à Oust-Strélotchnaïa sur l'Amour.

L'expédition du colonel Akhté, en Transbaïkalie, 1849—52. Argounoff, Karlikoff, Kroutikoff, Miglitsky et Th. Schwartz — firent des recherches dans deux directions: a) d'Iakoutsk par Oust-Maïsk, Nelkan, Aïan, le golfe de l'Ouda, Oudsky-Ostrog, l'Ouda, le Yablonovoï-Khrébète, jusqu'à l'embouchure de la Chilka; b) des sources du Tounghir, en suivant l'Olekma, jusqu'à Olekminsk.

22. L'expédition de Viliouï, sous la direction de K. Maack. 1854—55.

Maack et Sondhagen, d'Iakoutsk, descendirent la Léna, jusqu'à l'embouchure du Viliouï, et remontèrent ce dernier, jusqu'au confluent de la Tchona; de là, ils poussèrent jusqu'aux sources du Viliouï et de l'Olének, au nord-ouest, et jusqu'à la ville de Kirensk, au sud.

L'expéditon de l'Olekma, 1863—66. Le prince P. Krapotkine étudia le tracé d'une route pour le passage du bétail destiné à approvisionner les mines d'or. Cette route devait relier la Transbaïkalie avec les établissements miniers situés sur l'Olekma, le Witim et la Léna. Les études auxquelles il se livra à cette occasion lui permirent de donner un tableau complet du relief et de la structure des contrées traversées par ce tracé.

Dans le même rayon, les rivières la Nygra et

la Mouïa, riches en or, furent l'objet des recherches de l'ingénieur A. Taskine, tandis que I. Poliakof étudiait la faune et la flore de la partie sud-est du bassin de la Léna, et que le topographe militaire Jaroff faisait le levé des environs des cours d'eau suivants: la Nygra, le Witim, la Patoma, la Jouïa, la Tchara, l'Olekma, le Bodoïbi, de quelques parties du Witim et de la Léna et autres qui arrosent les districts montagneux d'Olekma et de Witim.

23. L'expéditon de Sibérie, dirigée par L. Schwartz. 1855—58. L. Schwartz, Th. Ousoltsef et P. Tchikhatchoff: a) le Witim le rapide d'Elun-Ouran, par la Tchara, l'Olekma et le Tounghir à l'embouchure de la Chilka; b) Okhotsk-Guijiga.

Le baron G. Maydell, et A. Pavlovsky. 1862, 63, 65, 66, 67: a) Olekminsk-Sountar-Viliouïsk- le Viliouï, et, en remontant la Léna, Iakoutsk; b) Olekminsk- la Tchara- la Kouanda, jusqu'aux sources de la Mouïa; c) Iakoutsk, Gigansk, Bouloune, Oustïansk, Rouskoé-Oustié, le long des côtes de l'océan Glacial jusqu'à Nijné-Kolymsk, et le cours du Petit Aniouï; enfin d) le Petit-Aniouï, Srednié-Kolymsk, Verkhoïansk, Iakoutsk.

24. Expédition A. Czekanovski, géologue, accompagné du météorologiste F. Müller et du topographe mil. Nakhvalnykh, 1873—75, qui fit des recherches géologiques et géographiques

le long de l'Olének et la Toungouska — inférieure, ainsi que dans la toundra située entre l'Iénisseï, la Toungouska, la Léna et l'océan Glacial, sur une longueur de 40° et une largeur de 7°.

En 1873 l'expédition se dirigea de Podkamennoé sur la Léna (au nord de Kirensk) en descendant la Toungouska, jusqu'au confluent de cette dernière et de l'Iénisseï. L'année suivante A. Czekanovski et F. Müller descendirent la Léna d'Iakoutsk jusqu'à l'embouchure, longèrent ensuite la côte de l'océan Glacial jusqu'à l'embouchure de l'Olének, et remontèrent ce dernier jusqu'à la Toungouska—inférieure. Enfin en 1875 Czekanovski seul descendit la Léna jusqu'à Aïakit et remonta encore l'Olének.

Le topographe Nakhvalnych fit le levé de la Toungouska — inférieure et de ses abords, tandis que Czekanovski releva un itinéraire de 2450 km., durant le cours de ses travaux géologiques.

Il est permis de croire que cette expédition constitue, dans les annales de la géographie de l'Asie septentrionale, l'entreprise la plus grandiose depuis A. Middendorff.

Obs. En 1719, D. Th. Messerschmidt avait exploré le premier le cours inférieur de la Toungouska.

25. Kouchelevsky, commis de M. Sidoroff, commercant riche et éclairé, parti d'Ob-

dorsk, pénétra le premier dans la baie Tazovskaïa, et de là, par le Taz, jusqu'à l'Iénisseï.

Moïsséef, 1881. Levé à vue du delta de l'Obi et de la partie sud du golfe de même nom.

A. Wilkitzky. 1894—96. Travaux hydrographiques, exécutés dans les golfes de l'Obi et de l'Iénisseï.

26. Finsch, Brehm, Zeil, et Waldburg. 1876. Obdorsk-l'Obi- la Stchoutchia- la Kara et son golfe.

Orloff. 1876. Levés des bords de la Stchoutchia, en vue d'un canal devant relier l'Obi à la mer de Karsk.

Charles Rabot. 1889. D'Oust-Ounia en descendant la Pétchora jusqu'à Voukhtylskaia (Yako) et de là—à l'est, jusqu'à Bérésov sur l'Obi.

27. Expédition du Timan. 1889—90. Le géologue Th. Tchernyschef, l'astronome O. Baklund et le naturaliste Giliakoff étudièrent la structure de la chaîne du Timan et la flore de ces contrées, dont ils donnèrent une carte basée sur 32 points astronomiques, à l'échelle de 1/126,000.

28. Le voyage du comte A. Keyserling et de I. Krusenstiern dans la région traversée par la Pétchora en 1843.

L'expédition de l'Oural. 1847—48. Le géologue E. Hoffman, chef de l'expédition, l'ingénieur des mines Stragevski, l'astronome M. Kovalski, le naturaliste (collectionneur) Brandt, les topographes Braguine et Yourief, firent des recherches dans la région de Perm jusqu'à l'océan Glacial, le long de la chaîne du Paï-Khoï et de la Pétchora jusqu'à la route qui mène du hameau de Paouli, dans la presqu'île de Ya-Mal, à la ville de Sourgout, au sud.

29. L'expédition à l'Oural, 1888—89, de l'ingénieur des mines E. Théodoroff et du topographe P. Ivanoff, qui complétèrent les recherches de l'expédition de E. Hoffman, en explorant le dos de la chaîne de l'Oural entre les sources de l'Irdéli-au sud, et le canal de la Vichéra-au nord, ainsi que la vallée de la Sosva et des affluents.

30. Explorations des ingénieurs des voies et communications dans le but de déterminer la largeur et la profondeur des cours d'eau, ainsi que la rapidité du courant et la nature du fond, et de vérifier les levés exécutés par les géomètres du ministère de la justice et du ministère de l'agriculture et des domaines de l'état.

31. Hans Wiltchek, comte. 1872. De l'embouchure de la Pétchora jusqu'à sa source, et, en descendant la Kama, jusqu'à Nijni-Novgorod sur le Volga.

32. P. S. Pallas et I. G. Géorgi explorèrent la Sibérie jusqu'aux confins de la Chine, de 1771—76. Les collections du premier ont formé le noyau de celles du musée de l'Académie de

sciences, et ses remarquables ouvrages de géographie, ainsi que ceux de Géorgi sur l'ethnographie, ont été traduits en russe.

Le baron A. de Humboldt. 1829. Moscou, Nijni-Novgorod, Kazan, Ekathérinbourg, et de là—au nord, jusqu'aux usines de Bogoslovsk et retour à Ekathérinbourg, Alopaïevsk, Vérkhotourïé, Bogoslovsk. Ensuite, Tobolsk, Kaïnsk, Barnaoul, Kolyvansk, Zméïnogorsk, Bidersk, Oust-Kamennogorsk, Boukhtorminsk, Sémipalatinsk, Omsk, Troitzk, Miass, Zlatooust, Kyschtym, Verkhné-Ouralsk, Orsk, Orenbourg, Sysrane, le lac salé d'Elton, Tsaritzyne; de là: a) Sarepta, Astrakhan; b) Kamychine, Voronège, Moscou, St. Pétersbourg, Dorpat, Riga, Berlin.

L'ouvrage du baron de Humboldt „l'Asie centrale", paru en 1843, a fait époque pour la géographie de l'Asie entière.

33. Le voyage du prince Henri d'Orléans et de M. G. Bonvalot de 1889—90, par tout le continent Asiatique et le nord du Thibet. Partis de Paris, en juillet 1889, il se rendirent par Pétersbourg, Moscou, Nijni-Novgorod, Koungour, Kourgan, Omsk—à Djarkent, dernier point du territoire russe. De là, par Kouldja et l'oasis de de Kourla, ils arrivèrent au village de Tcharkalyk, situé à l'ouest du lac Lob-Noor; se dirigeant ensuite au sud, les voyageurs, par des chemins inexplorés jusque-là, firent plus de 1,400 km. sur les hauts plateaux déserts du Thibet, et, après

avoir longé le bord du lac Tengri-Noor, s'engagèrent dans les régions interdites. A deux journées de Lhassa, ils furent obligés de s'arrêter et d'engager des pourparlers qui ne durèrent pas moins de 45 jours, sans amener d'autre résultat que la permission de louer un guide qui les conduisit aux confins de la Chine, par des chemins détournés. En septembre 1890 ils atteignirent Hanoï, où ils s'embarquèrent pour la France.

Obs. L'Anglais Henry Savage Landor tenta de pénétrer dans Lhassa par le sud, en suivant le cours du Brahmapoutre, mais, à l'endroit où ce fleuve fait un coude au sud-est, il fut obligé de rebrousser chemin avant d'avoir pu atteindre le but de son entreprise.

La description de ce voyage, fort intéressant au point de vue géographique, a été publiée sous le titre: „Sur des voies interdites, voyages et aventures au Thibet"; à l'ouvrage est jointe une carte du sud-ouest du Thibet, à l'échelle de 1/1,000,000, dressée d'après les levés de Landor lui-même. 1897.

3e Zone.

34. M. et M-r Littledale. 1893. Constantinople, Samsoun, Batoum, Samarkand, Marghelan, Och, les cols du Térek-Davan, passage familier aux voyageurs se rendant dans les régions peu connues de ces pays, Kachgar, le Lob-Noor, Satchéou, Lan-tchéou-fou, Ning-Hsia-fou, Tchahaz,

Baou-tou, Kalgan, Pékin, Tien-tsin, Péi-Tang (sur le golfe du Pé-tchi-li).

M. et M-r Littledale, 1895. Kachgar, Tchertchen, l'Altyn-tagh et les points suivants, situés hors des limites de notre carte: le Zilling-tso (Garing-tso), les monts Nin-Chen-Tang, d'où ils aperçurent à 80 km. à vol d'oiseau „le siège des dieux" (Lhassa) sur le mont Pamouross. De Ning-Chen-Tang—à l'ouest, au lac Zilling-tso, d'où ils se dirigèrent au nord-ouest, sur Leh (Cachemire), par le lac Lacar-tso, Garbah, Roudok et Chouchal.

Mission I. Chaffangeon en Asie Centrale. Itinéraire de I. Chaffangeon, L. Gay et St. Mangini, à partir de Batoum: Bakou, Ouzoun-Ada, Samarkand, Tachkent, Vernoé, Serguiopolsk, le lac Ouloungour, Kobdo, Ourga, le Kéroulen (rivière), Khaïlar, Tsitsikar, Merghen, Aïgoun, Blagovéstchensk.

I. Chaffangeon, accompagné du capitaine de l'armée russe L. Borstchevsky, visita en 1895 la ville d'Issaar, où naquit Tamerlan.

35. L'expédition au Territoire transcaspien dans le Khorassan, sous la direction de G. Radde, accompagné de l'ingénieur des mines A. Konchine et du docteur A. Walter, de 1881—86. Tiflis-Bakou-Krasnovodsk; de là — Tchikichlar et Astrabad, au sud-ouest, et Askhabad au sud-est. D'Askhabad — au sud, sur Houtchane (Koubarchane) jusqu'à Meshed, et, par Kary-Bent et Serakhs, le long de la frontière du Khorassan

et de l'Afghanistan, en descendant la Kouchka et le Mourgab, à Tiflis, par Merv et Askhabad.

A. Konchine, ingén. Krassnovodsk, Kourt-Kouïoussy, Mollah-Kory, le Grand-Balkhan, la montagne du Naphte, le point d'eau de Bala-Ischem, et le Petit-Balkhan. Krassnovodsk, le lac de Koukourt-Ata et le golfe de Kara-Bougas. Krassnovodsk, le fort Mikhaïlovsky et l'île Tchaléken. Bata-Ischem, Ikhdy et Kysyl-Arvat. Bala-Ischem, Ghéok-Tépé, Kara-Aschi et la citerne de Damly. Le point d'eau de Kourtysch, Tchyrychly et Kounia-Ourgentsch. Kourtysch, Khasavat, et Khanki. Merv-Tchardjouï.

G. Radde, A. Konschine et A. Walter, de 1881—86, se sont, dans les rayons mentionnés au présent numéro, livrés à des études sur les localités habitées, les puits et citernes, les cours d'eau, les lacs, les côtes et les golfes de la Caspienne, les sources, les cols de montagne, les kourganes (tumulus), les ravins, les grottes et les cratères.

Obs. 1° Le lit desséché de l'Amou-Daria (Oxus) fut exploré par James Abbot, Anglais, en 1840; A. Vambéry, 1863; I. Stébnitsky, général, Loupandine, top. mil. et N. Petroussevitch, de 1869 à 1870, pendant l'expédition du colonel Lamakine, en 1875, ayant pour but l'exploration de l'Ousboï; enfin le nivellement précis et les levés ont été exécutés de 1882—83 par des topographes militaires dans l'oasis de

Merv et le long de l'Oxus sous la direction de A. Gloukhovskoï, actuellement lieutenant-général.

2⁰ Sur la route de Tiflis à Bakou, suivie par M. Konchine, entre Elisabethpol et Chémakha, en 1894—95, M. Eugène Markoff, jeune naturaliste, a exploré le lac Goktcha situé à 40° 30′ de latitude nord et 45° 30′ de longitude est de Greenwich; il détermina la hauteur du lac à 1903 m.

Kalitine, lieutenant, 1881. D'Askhabad à la citerne du Scheik et au Khanat de Khiva en traversant l'Oungouz, ancien lit du Tchardjouï-Daria.

P. Lessar, ingénieur, 1882. Travaux de nivellement de l'Oxus et le long de l'Oungouz jusqu'à l'Amou-Daria.

36. En 1894 fut relevée la route à partir de Pétrovsk, par Enzéli à Téhéran, suivie par la caravane de l'ambassade en Perse du lieutenant-général A. Kouropatkine, actuellement ministre de la guerre.

37. N. Ivachintzef, A. Oulsky, N. Poustchine et K. Mikhaïloff. 1856—74 (voir p. 31). L'expédition des astronomes P. Fuss, N. Sabler et A. Savitch, en 1837, prouva que le niveau de la mer Caspienne est inférieur à celui de la mer Noire d'au moins 27 mètres.

Obs. Au commencement du XIX siècle, la mer Caspienne fut l'objet des recherches d'un savant illustre, le naturaliste K. Behr, dont les

„Caspische Studien“ jouissent d'une renommée universelle.

38. Showing. 1892—93. Ouzoun-Ada, Askhabad, Merv, Kara-koul, Samarkand, Tachkent, Andijan, Kachgar, Yaschil-koul, Yarkend, Soundjou, Lekh, Kurgil, Srinagar (Kachemir), Raval-Pindi.

39. Le capitaine P. M. Sykes. 1893, 94, 97, de Busrah par Karoun, Ispahan, Kaschan à Téhéran, premier point marqué sur la marge droite de notre carte. Nous n'observerons pas l'itinéraire de M. Sykes dans l'énumération des localités suivantes: Bakou, Lenkoran, Enzéli, Resht. Téhéran, Astrabad, Tchikichlar, Ouzoun-Ada. Astrabad, Meshed, Kerman, Yezd, Téhéran. Kerman-Bouchir. Kerman, Bampour, Kelat, Quetta, Larkhona (marqué sur la marge inférieure de notre carte), Karachi, la mer d'Oman, Bunder-Abbas, Bakhréïn et Bouchir.

Obs. 1° Cette expédition, ainsi que celles d'autres explorateurs étrangers que nous ne mentionnons pas ici, n'a pu être entreprise que grâce à l'existence du Transcaspien. Tous ces voyages ont pour résultat l'enrichissement de nos connaissances et le rapprochement des peuples. C'est à M. Annenkoff que revient l'honneur d'avoir mené à bonne fin la construction de la susdite voie, terminée en trois ans avec l'aide des soldats des bataillons de chemins de fer, malgré les obstacles presque insurmontables qu'elle offrait. Le Transcaspien traverse un espace désert, exposé aux sables mouvants, dénué d'eau et de forêts, et où, par conséquent, les matériaux nécessaires à la construction durent être amenés de loin.

M. Annenkoff a, en outre donné un nouvel essor à la culture du coton dans ces confins éloignés de l'empire, et fait le premier l'étude du chemin reliant actuellement Askhabad à la ville de Kotchan en Perse; c'est encore lui qui a inauguré la navigation à vapeur sur l'Amou-Daria. Aussi le nom de cet énergique administrateur mérite d'être placé à côté de ceux des explorateurs les plus distingués de l'Asie centrale.

2⁰ Les ingénieurs P. Lessar, A. Pogorélko, A. Yougovitch et le prince M. Khilkoff, à l'heure qu'il est ministre des voies et communications, chargés des études du tracé Transkaspien, ont exécuté ces travaux dans les contrées les plus désolées du désert des Turcomans. Le prince Khilkoff fit lecture d'un communiqué sur les résultats de ces recherches, à une séance de la Section topographique du Caucase, en janvier 1881.

3⁰ A l'instigation de A. Kouropatkine, du temps où il était gouverneur général et commandant en chef des troupes du Territoire Transcaspien, une édition périodique a commencé à paraître, à partir de 1893, sous le titre de „Revue du Territoire Transcaspien". Elle publie des données géographiques, statistiques, économiques et ethnographiques, etc. A la même époque, il fut procédé dans ces contrées encore vierges de toute civilisation, à la fondation de nombreuses colonies munies d'écoles et d'églises.

40. L'expédition du Capt. H. B. Vaughan dans la Perse centrale, en 1889—91. Téhéran, Semnoun, Shakhroud, Dachghirdoun, Yandak, Kachan, Téhéran. Kachan, Ispahan, Naïn, Anarak, Khour. Yezd, et au nord-ouest à Ispahan. De Yezd à Bouchir par Sourmak. De Yezd à Bander-i-Khamir par Niriz, Darab et Linga.

41. L'expédition aux Pamirs du capitaine d'état major D. Poutiata, (actuellement général-major, chef de la section d'Asie de l'Etat-major) accompagné de l'ingénieur des mines D. Ivanoff et du topographe I. Bendersky, en 1883. De Tachkent l'expédition suivit l'itinéraire: Och, le grand Karakoul (lac), le col de Karaart, et descendit le Karaart jusqu'au confluent avec le Markan. De ce point elle fit un coude à l'ouest, et, franchissant deux cols, atteignit la source du Sarykol-Ghézi d'où elle entra dans la région des Pamirs, en suivant les larges et hautes vallées du Kiak-bachi et du Mougi.

L'expédition explora la partie est des Pamirs dans différentes directions et les abords du lac Saryk-kol. Les travaux topographiques, ainsi que les observations astronomiques de l'expédition furent raccordés à ceux des Anglais, qui venaient du sud. En outre l'expédition fit des collections botaniques et géologiques et dressa une excellente carte de la région explorée, à l'échelle de 1/210,000.

Le voyage du docteur Sven-Hedin dans le Turkestan chinois, les' Pamirs et le Thibet de 1894—97. Arrivé à Tachkent de Stockholm, en 1893, par Kazalinsk, Pérovsk, Tchimkent, il explora, en 1894, le bassin du Mourgab, les abords du lac Issyk-koul et de Kachgar. Dans le courant de ces explorations, il fit l'ascension du Moustaghata ou Taghirma (7,620 m.), et constata dans de lac le Grand-Karakoul (4,000 m. carrés) une profondeur de 230 m. En 1895 il explora le Khotan, le désert de Taoula-Magar et le lac Lob-Noor. De 1896 jusqu'en février 1897, le docteur Sven-Hedin entreprit un voyage d'exploration dans le Kuen-Luen, la partie nord du plateau thibétain, et les pays situés au nord-est de la chaîne du Koukou-Noor, habités par des populations hostiles. Il poussa ensuite jusqu'à Pékin, d'où il revint en Suède par la Mongolie, la Sibérie et la Russie d'Europe.

En 1896 Sven-Hedin entreprit une expédition dans le but spécial d'explorer les abords du lac Lob-Nor.

Obs. 1° Les explorations de D. Poutiata (1883), ainsi que celles du docteur Sven-Hedin (1894—97) dans l'Asie centrale, ont été fécondes en résultats géographiques, particulièrement en ce qui concerne la structure du „Toit du monde" (Pamirs).

2° Le voyage du docteur Sven-Hedin a été édité en cinq langues européennes sous le titre: „Au coeur de l'Asie".

42. Les travaux de nivellement exécutés avec précision, en 1874, par K. Struve, N. Solimani et N. Machkoff, et rédigés par A. Tillo, actuellement lieutenant général, à partir du golfe du Césarévitch (Mertvy-Koultouk), sur la Caspienne, jusqu'au golfe Tchernychew, sur la mer d'Aral, ont prouvé que le niveau de cette dernière se trouve à 80 mètres au-dessus de celui de la mer Caspienne.

Dans les régions contiguës à la ligne des susdits travaux de nivellement les topographes militaires Alexandroff, Polonsky et Safonoff dressèrent le plan du fort Novo-Alexandrovsk, situé au sud du golfe du Césarévitch et relevèrent la route à Khiva par Koungrad, celle du golfe du Césarévitch à Koungrad, et de Khiva à Tchardjouï, par Khasar-Asp, 1882–83.

43. A. Boutakoff et D. Mertvago. 1847—50. Travaux hydrographiques et topographiques exécutés sur la mer d'Aral.

44. P. Séménoff, le géographe si connu, actuellement membre du Conseil de l'empire, fit, en 1856, 57 et 58, en compagnie de deux topo-

graphes militaires et du peintre Kokscharoff, des recherches dans la direction de Tomsk, Barnaoul et Kopal jusqu'à Kouldja, et au sud de Sémipalatinsk, par Kopal, Vernoé, les cols de l'Alataou, au delà du fleuve l'Ili, le lac Issyk-koul, les cols de la chaîne du Thian-Chan jusqu'au massif grandiose du Khan-Tengri.

P. Séménoff rapporta une riche collection de minéraux et un herbier magnifique de la flore alpestre du Thian-Chan. Ses recherches dans ces contrées complétèrent le second volume de „l'Erdkunde von Asien" de K. Ritter. Les 24 volumes de ce vaste ouvrage du célèbre géographe allemand, qui vécut de 1779—1859, ont été traduits par P. Séménoff.

Après le retour de P. Séménoff, le géodésiste A. Golubef fut chargé de déterminer les coordonnées géographiques dans les régions relevées par les topographes de la susdite expédition, entre le lac Balkhach et la chaîne du Tarbagataï, ainsi qu'entre l'Alataou de Djoungarie et le Thian-Chan.

Obs. M. Vénukoff, actuellement général-major en retraite, explora le pays montagneux des environs du lac Issyk-koul, et fit exécuter en 1860 des travaux topographiques dans les environs de ce lac. Une relation de son voyage a paru sous le titre: „Description du territoire Transilien et des bords de la Tchon.

Bientôt après, en 1863, les travaux inaugurés

par M. Vénukoff furent étendus sur toute la partie ouest du Thian-Chan, et conduits jusqu'au Narynn et au bassin du lac alpestre Soun-koul, par les topographes militaires sous la direction de A. Protzenko, actuellement lieutenant-général.

P. Séménoff, lors du voyage qu'il entreprit à l'occasion de l'inauguration du chemin de fer de Samarkand en 1888, fit une excursion dans les montagnes du Kopet-Dagh, les déserts sablonneux de Dort-Kouïou et Répétek, ainsi que dans la haute vallée de Zéravchan où il pénétra par le défilé de Mandam.

Obs. 1° P. Séménoff était accompagné de son fils aîné, André Séménoff, premier zoologiste du musée d'histoire naturelle de l'Académie des sciences.

2° En 1889, A. Séménoff, membre correspondant de la S. R. I. G., entreprit seul une expédition aux endroits les plus caractéristiques du désert de Kara-Koum, entre Merv et l'Amou-Daria, pour étudier au point de vue zoö-géographique cette partie du Territoire Transcaspien.

45. Les ouvrages de M. Przévalsky, voyageur, naturaliste et géographe, résultat de ses expéditions des années 1870—1873, 1876—78, 1879—80 et 1884—85, traduits en plusieurs langues, sont présents à toutes les mémoires. C'est pourquoi nous nous bornerons à indiquer les limites de ces voyages, comprises entre le 32° et

52° de latitude nord et 80° 20'—119° 20' de longitude est de Greenwich, en ajoutant qu'avant lui plus de 15 chaînes colossales étaient inexplorées.

En août 1888, M. Przévalsky entreprit un cinquième voyage ayant spécialement pour but l'exploration du Thibet. Au commencement d'octobre de la même année il arriva à Karakoul, appelé plus tard Przévalsk en son honneur, où il s'occupa de l'organisation des détails de l'expédition, et où il fut bientôt atteint d'une maladie à laquelle il succomba le 20 du même mois.

Sa dernière volonté d'être enterré sur les bords du lac Issyk-koul, en tenue de campagne[1]), à été accomplie. Les futurs explorateurs de l'Asie centrale pourront lire sur son monument ces simples paroles: „Le voyageur Przévalsky".

Sa Majesté l'EMPEREUR NICOLAS II, à cette époque Grand-duc Césarévitch, a toujours daigné honorer M. Przévalsky de sa faveur. Ainsi, après la seconde expédition (1876—78), SON ALTESSE adressa à Karakol un télégramme pour le féliciter „de l'heureuse issue de son expédition, aussi pénible que fertile en résultats". En 1883 SON ALTESSE octroya à l'Académie des sciences une somme de

---

1) Le genre de vie de M. Przévalsky, général d'état-major, ne se distinguait guère de celui des soldats en campagne.

28,000 roubles pour les travaux de systématisation des résultats obtenus par les expéditions de 1870—73, 76—78, 79—80. Au départ de Przévalsky pour son quatrième voyage (1884—85), le Grand-duc Héritier daigna lui faire présent d'une excellente lunette en aluminium, en exprimant le désir que les lettres ayant trait aux résultats de ses explorations lui fussent adressées personnellement; ces détails furent communiqués dans la suite à la S. I. G. R. par SON ALTESSE.

En 1886 le Grand-duc accorda une somme de 25,000 roubles à l'Académie pour le même objet. C'est encore à l'intervention de SON ALTESSE qu'était due l'allocation des sommes nécessaires pour le Ve voyage de ce hardi explorateur enlevé sitôt à la science.

46. Le général M. Pévtzoff et le topographe Skopine escortèrent, en 1876, une caravane de blé de Zaïssan à Goutchen, par Bouloun-Tokhoï, en côtoyant l'Ourounghon et traversant ensuite le désert de Djoungarie. Cette expédition, ainsi que les suivantes, ont fourni à la cartographie des détails particulièrement précieux, à cause du grand nombre d'observations astronomiques dont étaient accompagnés les travaux des topographes.

En outre, le général Pévtzoff a observé les déviations de l'aiguille aimantée, déterminé les altitudes, et fait des collections zoologiques, botaniques et géologiques. Les procédés du général Pévtzoff n'ayant jamais varié, nous nous bornerons à l'avenir à la simple constatation du nombre de kilomètres relevé par les topographes. C'est ainsi que 1200 km. furent relevés par les topographes pendant cette expédition (1876).

En 1878 et 1879 M. Pévtzoff et les topographes Skopine et Tchoukline firent des levés de l'itinéraire à partir de la stanitza l'Altaï, par le col d'Ouloun-Daba, les villes de Kobdo, Gouï-Khoua-Tchen (Koukou-Khoto) jusqu'à Kalgan. De ce dernier point l'expédition se dirigea sur Ourgha, en suivant le chemin des caravanes par le désert du Gobi, et, de là, revint dans les confins de l'empire, au hameau de Koch-Agatch, du district de Biisk, par les monts Khangaï et la ville d'Oulassoutaï, laissant de côté les lacs Aïrik-Noor et Atchit-Noor, et relevant ainsi une route de 4,300 km.

Dans le cours des travaux préliminaires à la délimitation de la frontière ouest de la Chine, en 1882, M. Pévtzoff releva en Djoungarie 54,000 km. carrés, entre la chaîne de Saour et l'Irtych-Noir, en suivant toujours les mêmes procédés.

Après la mort de Przévalsky, M. Pévtzoff fut nommé chef de l'expédition au Thibet, (1889—90) composée de l'ingénieur des mines C. Bogdanovicz et des compagnons du défunt Przévalsky, W. Roborovsky et P. Kozloff, qui l'avaient suivi dans toutes ses expéditions.

L'expédition, partie de la ville de Przévalsk, descendit au Kachgar par le col Bédel pour atteindre le village de Niyon, par Yarkent, Khotan et Kériou. Après y avoir passé quatre mois d'hiver, elle explora le système de la chaîne du Kuen-Lun et les abords avoisinants du plateau thibétain, du côté nord; elle descendit ensuite au lac Lob-Noor pour se diriger sur Zaïssan, par Kourlou, Karachar, Ouroumtchi, et Khoutou-Bey, en laissant de côté le lac Telli-Noor.

M. Pévtzoff releva une route de 59,000 km. environ, tout en faisant des observations astronomiques à 34 points; il étudia, en outre, les déviations le l'aiguille aimantée à dix endroits, et prit les altitudes de 80 points à l'aide du baromètre. Quant aux autres membres de l'expéditions, ils relevèrent 5,100 km. de routes, exécutèrent des travaux hypsométriques à 250 endroits et firent de riches collections botaniques zoologiques et géologiques.

47. Z. Matoussovsky traversa la Mongolie de l'ouest à l'est, du poste Souok à Oulassoutaï, par Kobdo, et du sud au nord, de ce dernier point jusqu'à l'Iénisseï, à une époque où la partie de la Mongolie située au sud des gouvernements de Tomsk et d'Iénisseïsk était fort peu connue.

Pendant l'expédition de I. Sosnovsky en Chine, de 1874—75, Z. Matoussovsky releva la route de Han-Koou (province de Khou-Beï) jusqu'à la porte de Dzia-Jouï-Gouan, à l'extrémité sud de la Grande muraille.

En 1888, Matoussovsky publia un aperçu géographique de l'empire chinois accompagné d'une carte à l'échelle de 1/5,250,000, meilleure que toutes celles qui avaient été publiées antérieurement.

48. L'expédition de G. Potanine en Mongolie, dans le but de faire des recherches le long des frontières de Sibérie et de Mongolie, sur un espace de 1800—2100 km., de Tchougoutchak et du poste de Zaïssan jusqu'au lac Kossogol.

G. Potanine était accompagné de sa femme, du topographe P. Rafaïloff, du zoologue M. Bérésovsky, des préparateurs Sévertzoff et N. Kolomiïtzoff, avec sa femme, qui prit une part active aux travaux ainsi que de A. Posdnéef, actuellement professeur de langues orientales et auteur d'un ouvrage remarquable intitulé „Description de la Mandchourie" (édition du Ministère des finances, 1877).

L'expédition, dans le courant des années 1876—77, explora les régions alpestres le long de la frontière sud de la Sibérie, et les steppes contiguës aux villes chinoises de Tchougoutchak, Boutoun-Tokhoï, Kobdo et Oulassoutaï.

En vue de l'intérêt que présentaient les résultats de cette expédition pour le commerce et l'industrie de la Sibérie méridionale et de l'Asie centrale, les représentants de plusieurs maisons de commerce, en 1879, chargèrent G. Potanine d'une nouvelle mission, dont elles lui fournirent les frais. Il entreprit ce second voyage en compagnie de sa femme, du topographe Orloff et du naturaliste A. Adrianoff.

M-r Orloff fit des levés entre les grands lacs suivants du sud-ouest de la Mongolie: Oupsa-Noor, Kirghiz-Noor, Kara-Oussou et Dourga-Noor, et donna les coordonnées de six points. G. Potanine releva la route de Koch-Agatch à Oulangom, et de ce point jusqu'à Kobdo et au lac Kossogol, détermina les altitudes d'un grand nombre de points, et fit de riches collections ethnographiques et zoologiques.

Les 4 volumes publiés par G. Potanine sous le titre: „Esquisses du sud-ouest de la Mongolie", constituent un éclatant témoignage de l'importance des résultats de cette expédition.

P. Rafaïloff lieutenant-colonel du corps des topographes militaires, a dressé une excellente carte de la Mongolie nord-est, publiée par la Section topographique de l'Etat-major en 1879.

Le voyage des savants hongrois Pošta et Yanko en Mongolie et Djoungarie. De Moscou à Irkoutsk par Kazan, Tobolsk, Tomsk, Krassnoïarsk et Minoussinsk. Partis de Minoussinsk, les voyageurs explorèrent les environs de Kobdo et d'Oulassoutaï; ils suivirent ensuite la chaîne du Thian-Chan pour gagner le Turkestan et le chemin de fer transcaspien et retourner en Hongrie.

P. Helmersen fit, en 1863, un voyage d'Ourga au lac Kossogol.

49. En 1891 Miss Cate Marsden visita la colonie de lépreux située dans le district de VilIouïsk, du territoire d'Iakoutsk. De Londres Miss Marsden se rendit à St. Pétersbourg et de là, par Zlatooust, Ekathérinbourg, Irbit, Tiumène, Tobolsk, Omsk, Tomsk, Krasnoïarsk, Irkoutsk, Iakoutsk à Viliouïsk, à 20 km. au nord-ouest duquel se trouve la colonie qui formait le but de son voyage. Chacune des quelques yourtes disséminées dont se compose cette colonie, est habitée par une dizaine de lépreux. La plus considérable de toutes se trouve au bord du lac Aboungda. Les malades sont complètement isolés; la nourriture même est déposée à quelques mètres de leur habitation par des parents et des amis. L'aspect de ses malheureux, réduits à l'état de bêtes sauvages, fait glacer le sang dans les veines et rend insupportable un séjour, même de quelques instants, parmi eux. Miss Marsden eut le courage de visiter 80 de ces infortunés.

Une taïga impénétrable sépare la colonie — de la ville de Viliouïsk; en été la chaleur y est intolérable, tandis qu'en hiver le thermomètre descend jusqu'à 50° au-dessous de zéro. Des nuées épaisses d'insectes tourbillonnent dans l'air et les ours affamés y rôdent, cherchant leur proie sans, toutefois, toucher les cadavres des malheureux qui succombent à l'horrible maladie.

La courageuse étrangère a fait plus de 3,200 km. à cheval, en butte à des privations inouïes, et qui paraitront légendaires quand la voie transsibérienne aura traversé ces régions. Jamais nous n'oublierons les souffrances auxquelles elle s'est exposée ni les résultats de sa charitable intervention.

Au lieu des misérables yourtes, un léprosorium bien organisé s'élèvera au même endroit, grâce aux soins du grand-procureur du Synode, M-r K. Pobédonostzef qui s'est chargé de l'organisation de cette oeuvre de bienfaisance. En attendant, A. Gorémykine, général d'infanterie, gouverneur général d'Irkoutsk, a visité la colonie, en1898, pour y apporter quelques améliorations. L'itinéraire suivi par Miss Marsden et le général Gorémykine n'est marqué sur notre carte qu'à partir d'Irkoutsk.

50. Le prince P. Krapotkine explora, en 1865, le cirque de Tounkine, la vallée de l'Irkout, la ligne de partage de l'Irkout, de l'Oka, et de la Bélaïa, les environs des mines de graphite d'Alibert et autres localités de cette région.

A. Czekanovski, pendant son exil en Sibérie fit, de 1869—70, des recherches géologiques sur les bords du Baïkal et, en général, dans les limites du gouvernement d'Irkoutsk où il était domicilié à cette époque.

En même temps, les exilés W. Dybovsky et

W. Godlevski, qui habitaient Koultouk, étudiaient la faune aquatique du Baïkal.

I. Czerski entreprit, en 1873, en collaboration constante avec sa femme, une série d'études sur les races animales éteintes.

En 1873 et 1874 il fit des recherches géologiques en compagnie de N. Hartung dans le chaînes du Tounkin et du Kitoï.

De 1875—81 J. Czerski explora les grottes de Nijné-Oudinsk et le thalweg de l'Irkout, traça le profil transversal du Baïkal à plusieurs endroits, et composa une carte géognostique des îles de ce lac; en 1881, en compagnie de N. Vitkovski il explora le Goussinoé ozéro (lac des oies) et le bassin de la Sélengha avec ses affluents la Djidda, le Tchikoï et le Khilok.

Obs. Les travaux topographiques exécutés dans les bassins de la Léna et de l'Angara et ayant trait à la partie de la voie de transit qui doit relier ces deux bassins, étaient dirigés par le colonel N. Kozlovsky.

L'expédition de E. M. De Henning-Michelis, M. Pérétolguine et B. Schostakovitch aux lacs Kossogol, Mankou-Sardyk et dans la vallée du Kitoï, 1897.

En 1872 et 1873, Pouschkaref releva une partie des bords du Baïkal, et fit des recherches hydrographiques.

Ce n'est qu'à partir de 1893, que les recherches hydrographiques furent conduites avec système à l'instigation du „Comité du Transsibérien.“ Le colonel du corps des pilotes Th. Drygenko, préposé à ces travaux, appliqua des procédés d'une exactitude rigoureuse.

51. Le colonel J. Bobyr fit, en 1884, des levés, à partir de Koultouk jusqu'au poste d'Oudinsk.

L'expédition au Saïan de J. Bobyr, accompagné du colonel J. Makéroff, de l'ingénieur des mines L. Jaczevski et du botanicien J. Prein, explora le versant russe de la chaîne du Saïan, le bassin du lac Kossogol, et le versant sud de la susdite chaîne jusqu'aux sources du Schichkit et du Beïnem.

Malheureusement, les résultats de leurs travaux ne furent pas publiés.

L'expédition aux limites du Saïan, en 1897, commandée par le colonel S. Baranoff, topographe militaire, a complété les données recueillies par l'expédition précédente.

52. Lors de l'ambassade du comte N. Ignatief à Pékin, en 1859 et 1860, le topographe Schimkovitch, attaché à l'expédition, releva la route de Kiakhta à Tien-Tsin, par Ourga, la station de Saïr-Oussou et Pékin.

E. Timkovsky, déjà en 1820 et 1821, avait relevé la route de Kiakhta à Pékin, mais en suivant la direction par Ourga et le hameau de Tsagan-Bolgassou, et, sur le retour, dans la direction de Darkhan-Dzam.

53. En 1897 Marcel-Potier, rédacteur du „Temps“, visita Kiakhta, Ourga, Oulassoutaï et autres points de la Mongolie, tandis que son compagnon, M. Beaulieu, poussait jusqu'aux rives de l'Amour.

M. Dorjitaroff, en 1864, d'Ourga au post-Verkhné-Oulkhounsky, par la stanitza Achenguinskaïa sur l'Onone.

54. L'itinéraire de N. Yadrintzef, 1878, d'Omsk au village de Tchernovaïa, de la commune de Narym, par la Steppe de Barabinsk, le lac Tchany, Barnaoul, Biisk, les versant nord et sud de l'Altaï et la rivière Boukhtarma. Il étudia le pays au point de vue géographique et ethnographique sur un parcours de 4900 km., et recueillit des observations sur la colonisation de l'Altaï par les émigrants venus de la Russie d'Europe.

Le voyage de N. Yadrintzef, en 1889 dans la partie de la Mongolie attenant à la Russie, aux ruines de la fameuse ville de Karakorum, ancienne capitale de Genghis-Khan, situées à une des sources de l'Orkhon.

En 1892 l'académicien W. Radlof prit des copies des inscriptions, inconnues jusque là, de Karakorum, tandis que le topographe Stchogolef, qui l'accompagnait, releva les environs de ces ruines.

55. Le topographe militaire Volkoff releva, en 1858, la route de Maïmatchen à Kalgan, par Ourga.

56. Le topographe militaire Vanine releva la route de Kiakhta à Kalgan, par Ourga, et Darkhan-Dzam, et de ce dernier point, en sens inverse, à Ourga, par Dolon-Noor.

57. Le capitaine, actuellement colonel d'état-major, I. Evtuguine explora, de 1882—1884, la route du poste Kouloussoutaï à Pékin, par Keroulen (Ourto), la ville de Dolon-Noor, et le Chandougol (rivière), ainsi que celle de Koutoussou-taï à Khaïlar, par Stary-Tsouroukhaï-touï.

58. Les levés des topographes militaires du colonel P. Rafaïloff dans l'ouest de la Mandchourie, à partir de Tsouroukhaïtouï à l'est, vers Khaïlar, le Grand Khingan et sur les rives du Yal et du Tchol.

Obs. Ces levés sont marqués de la nuance affectée à ceux exécutés dans les limites de l'Empire par les topographes militaires.

Le prince A. Andronnikoff, ingénieur, accomplit en 1895 un voyage de Tsouroukhaïtouï, par Khaïlar à Tsitsikar, en suivant la route postale chinoise.

L'expédition des ingénieurs des mines E. Ahnert et Komaroff en Mandchourie, en 1898, de Tsitsikar à Guirin.

59. L'expédition des frères E. et N. Harnack, qui explorèrent l'extrémité est du plateau de Mongolie et les versants ouest de la chaîne du Khingan en 1887. L'expédition arriva d'Odessa à Kalgan par Shanghaï, Tien-tsin et Pékin; de

Kalgan, en suivant la route des caravanes, elle se dirigea à l'est, jusqu'au temple de Khan-Tabim-Soumé, par Dolon-Noor (ville), le hameau de Dzoun-Kouren, la ville chinoise de Darkhan-Oula et le long des deux versants du Khingan. Du susdit temple, l'expédition revint au poste de Stary-Tsouroukhaïtouï, par le Khalga-gol (rivière) et Khaïlar.

60. Le topographe militaire Bernoff releva, en 1889, la route de Kiakhta à Ningouta, par Ourga, le Kéroulen (rivière), le poste Khan-Abasa-Gouna, la ville de Dolon-Noor, le col de San-Daban, les villes de Bodouné et Guirin.

I. Evtuguine, colonel, antérieurement à l'expédition de Harnack, avait donné une description détaillée de la ville de Dolon-Noor et exploré la chaîne du Khingan (indépendamment des explorations d'autres voyageurs).

61. La mission commerciale des frères Boutine, en 1869 et 1870, d'Aïgoun à Pékin par Kouloussoutoui, le Keroulen, les villes de Dolon-Noor, Hodjétou, Touking (Chara-Khoto) et la porte de Hou-beï-kéou de la grande muraille.

62. A. Ressine, actuellement colonel, explora en 1889 la route de Blagovéstchensk à Pékin, par les villes d'Aïgoun, Tsitsikar, Bodouné, Guirine, Moukden, Tsin-Tchou-fou, Youn-Pinn, Nin-Tsuan, et Dolon-Noor. Pour revenir à Blagovéstchensk il prit par Nin-Tsuan, Dolon-Noor, Bodouné etc.

63. Le géologue Th. Schmidt, actuellement membre de l'académie des sciences, explora, de 1859—61, le sud-est de la Transbaïkalie, la partie du territoire de l'Amour située le long des côtes de la mer du Japon (Primorskaïa Oblast) et l'île de Sakhaline, qui présente un intérêt particulier au point de vue géologique. Il était accompagné du topographe militaire Schébounine qui releva les points suivants donnant une idée approximative de la direction suivie par Th. Schmidt au cours de ses explorations. Les mines de Nertchinsk, l'Onone, les monts Adoun-Tchélon, l'Argoune, Blagovéstchensk, Nikolaïevsk, le golfe de Castries. Les postes Doué et Koussonnaï, ensuite, en traversant Sakhaline au cap Manoué, et retour à Koussounaï, par le cap Crillon au sud de l'île. De Nikolaïevsk à Khoun-Tchoun par Wladivostok et le golfe Possiet. De Khoun-Tchoun à Khabarovsk par le Souïfoun, le lac Khanka et l'Oussouri.

En 1862 Th. Schmidt entreprit encore un voyage de Nikolaïevsk à Blagovéstchensk par la station de Tyr, située en face de l'embouchure de l'Amgoune; puis il remonta ce fleuve jusqu'à sa source, pour atteindre les monts Bouréïa, qui donnent naissance à la rivière de même nom; il descendit de cette dernière jusqu'à son affluent avec l'Amour, qu'il remonta pour atteindre Blagovéstchensk, d'où il revint à St. Pétersbourg par Srétensk, le Baïkal, Irkoutsk et Moscou.

Les explorations de Th. Schmidt ont eu pour résultat l'acquisition d'un grand nombre de données nouvelles dans le domaine de la géologie, de la géographie et de la botanique.

En 1866 Th. Schmidt se rendit à Tourou-khansk pour l'examen d'un squelette fossile que l'on croyait être celui d'un mammouth; il ne put constater l'existence que de quelques ossements épars et endommagés, de lambeaux de peau et de touffes de poil, le tout pesant environ 16,40 kilogr.

Th. Schmidt se joignit à l'expédition envoyée à cette époque dans ce territoire dont il étudia la structure géologique et la faune. Il publia dans la suite un compte rendu fort intéressant de ses travaux.

64. Les travaux exécutés dans le nord-est de la Mandchourie. A. Oussoltzoff et le prince P. Krapotkine explorèrent, en 1864, la voie fluviale du Soungari, à partir de la source jusqu'à la ville de Bodouné. Les topographes militaires: a) en 1880, Melnitzky fit des levés à partir de la jonction de la Nora avec l'Oussouri, et, en remontant ce dernier, jusqu'à la ville de San-Sin-tchéou, et Bruner releva la route entre Touri-Rog, sur le lac Khanka et San-Sin-tchéou; b) en 1884, Zborovski releva la route de Ekathérino-Nikolskoé à Wentzelovo, par Bout-Khoé, et c) en 1888, Roubinoff fit des le-

vés de Mikhaïlo-Séménovskoé jusqu'à San-Sintchéou, en remontant le Soungari.

Le capitaine M. Grulef 1895. Voyage sur le Soungari, de la station Mikhaïlo-Séménovskoé à Bodouné.

65. L'initiateur des études appronfondies du cours de l'Oussouri fut M. Vénukoff. En 1858, M. Vénukoff se rendit en canot du poste d'Oussouri jusqu'à l'embouchure de la Nora; ensuite, voyageant à pied et souvent par une absence totale de routes, il atteignit la ligne de partage des eaux de l'Oussouri et des affluents de la mer du Japon, laissant à gauche les embouchures du Niéman (Ima), confluent de l'Oussouri et de la Daoubikha. Dans un des massifs de cette ligne de. partage M. Vénukoff rencontra des fermes chinoises qui cultivaient le gin-seng (Panax. Ginseng), plante médicinale très recherchée des Mandchous. Les résultats de cette expédition sont exposés dans l'ouvrage de M. Vénukoff „Description de l'Oussouri".

Pendant l'expédition dans l'Oussouri du colonel Boudagovsky, entreprise en 1860, à l'occasion de la délimitation de la frontière entre le territoire de l'Oussouri et l'empire chinois, les topographes militaires attachés à l'expédition exécutèrent de vastes travaux topographiques sur les bords de l'Oussouri.

66. Le colonel Loguine-Bolchef, topographe militaire, fit, en 1874, des levés des côtes de

la mer du Japon, à partir du golfe Plastoun jusqu'au golfe de Castries, ainsi que des observations astronomiques.

67. Jean de Krusenstiern, le chef de la première expédition russe qui explora le côtes nord-ouest de l'Amérique, exécuta en 1805 des travaux hydrographiques et des levés des côtes de Sakhaline, au sud-est, à l'est et au sud de cette île.

68. L'ingénieur des mines D. Ivanoff, fit, de 1888—90, des études géologiques dans le vaste rayon suivant du territoire de l'Oussouri: sur la limite nord, à partir de la stanitza Poltavskaïa, sur le Souïfoun, jusqu'au village d'Anoutchino, sur la Daoubikha; à l'est: remontée de la Daoubikha et descente du Soutchan jusqu'à l'embouchure; au sud — à partir du golfe Américain, en longeant les golfes: Vostok, celui de l'Oussouri et de l'Amour, le golfe Possiet, jusqu'au village de Novo-Kievskoïé; enfin à l'ouest — retour de ce village à Poltavskaïa, sur une ligne coupant le cours supérieur des cours d'eau qui se jettent dans les golfes de l'Amour et du Souïfoun.

69. Des levés faits à bord de bâtiments de l'Etat, à partir de la frontière coréenne jusqu'au golfe Plastoun, ainsi que des travaux hydrographiques, furent exécutés dans les mêmes parages de 1861—63, par J. Babkine, de 1873—74 par M. Yélaguine et, enfin, par les membres d'une Expédition spéciale chargée des mêmes

travaux sur les bords de l'océan Pacifique, de 1875—94.

70. Le révérend Walter Weston. 1896. La baie de Toyama, la ville de Toyama, Omatchi, Yamanobo, Orengeyama. Omatchi, Matsoumoto, Yonendaké. Matsoumoto, Nakao, Tounatsou, Toyama. Matsoumoto, Haschiba, Takayama, Ossaka.

71. Les Capitaines A. E. J. Cavendish et Goold-Adams [1]. Tchémulpo, Séoul, Wensan ou Djen-san, Tchang-djiun, la chaîne du Tchang-bo-chang.

Le colonel Ferdinand Webel, attaché à l'état-major de l'arrondissement militaire de l'Amour, explora de 1885—92, la région entre Kyghen-fou et Séoul, en passant par les villes de Khan-Toun et Pion-An.

Le lieutenant-colonel W. Alfthan. 1896. Voyage en Corée de Kyghen-fou jusqu'à Ghen-san.

72. H. E. M. James. Ning-haï, King-tchou, Niou-tchouan, Haïping. Port-Arthur, King-tchou, Pi-tze-wo, Tung-kao-li, Kaï-chan, Haï-ping, Moukden, Kuan-ching-tzu, Kirin (Guirin). Moukden, l'Aï-Chiang, le Soungari, Kirin, Houn-tchoun, Novo-Kievskoé. Houn-tchoun, Ningouta, San-Sing, le Soungari, Houlan, Tsitsikar, le Tchol, Pé-tu-na, Kirin [2].

---

[1]) Scottish Geographical Magazine 1894.

[2]) Published for the Proceedings of the Royal Geographical Society, 1887.

4e Zone.

73. L'archimandrite Palladius, chef de la mission religieuse de Pékin, entreprit, en 1870, un voyage au territoire de l'Amour, dans le but d'étudier les moeurs et les besoins des aborigènes, ainsi que leurs rapports avec les populations avoisinantes de la Mandchourie et de la Corée. Le topographe Nakvalnykh, attaché à l'expédition, releva la route de Pékin à Blagovéstchensk, par Moukden, Kirin et Tsitsikar.

74. L'expédition au Soungari, en 1872, avait pour but l'établissement de rapports commerciaux avec les populations riveraines de ce fleuve. Elle était composée du topographe militaire Nakhvalnykh et de plusieurs représentants de maisons de commerce de Khabarovsk et Blagovéstchensk. L'expédition se dirigea d'abord en bateau à vapeur de Khabarovsk à Bodouné, par San-Sin-Tchen, Khoulan-Tchen et Tsitsikar. De Bodouné elle revint à San-Sin-Tchen. De ce point, le lieutenant-général J. Barabache, chef de l'expédition, à l'heure qu'il est gouverneur militaire et commandant des troupes de ce territoire, se dirigea sur Ningouta. Il suivit les bords du Moudan-Dzian pendant 320 kilomètres, pour atteindre cette ville où aucun Européen avant lui n'avait mis le pied.

En 1882 J. Barabache fit le trajet d'Omsk

au poste-frontière de Khountchoun, sur la rivière de même nom, en suivant une route inconnue jusqu'à lui.

Obs. Les localités qui rentrent dans le rayon des travaux exécutés par les topographes militaires sous le commandement du colonel N. Kozlovsky et du lieutenant-colonel Th. Boltenko en 1896, sont: Poltavka, le Souïfoun, les villes de Ningouta, Omosso, Guirin, le Soungara, Tatkha-Mynn, Moulinkhé, Chito-Miao, Jékho, Chikho, Kaïga et Maïkhé.

75. Itinéraire de E. Wolf. 1898. Tien-Tsin, Pékin, Tcheng, Han-Koou, le Yang-tsé-kiang (fleuve Bleu) jusqu'à Y-tchang. Han-Koou, Nankin, Shanghaï, le détroit de Van-Diemen, Tokio (Yeddo), le golfe de Sendaï, Hakodate, Otarounaï, le détroit de La Pérouse, le poste Korssakov et, enfin, dans la direction nord, jusqu'au détroit de Behring....

76. Le voyage en Mandchourie de l'attaché militaire, le lieutenant-colonel D. Poutiata, actuellement général-major, en 1888, avait pour but l'étude de cette contrée au point de vue économique et géographique. Parti du port Inkoou (Niou-Tchouan) il se dirigea sur Wladivostok par Moukden, Kirin, Lalin, Ajé-khé, Sousso, la rive gauche du Soungari et du Sian-Sin, ensuite, au sud, parallèlement à notre frontière, par Ningouta à Houn-Tchoun, d'où il revint sur le territoire russe pour atteindre Wladivostok.

77. Itinéraire de Markham, académicien, prés. de la société de Londres, géographe et voyageur anglais, (1869). Tchifou, Laï-yang, Kiao, Véï, Laï-tchéou. Véï, Moungyen, Si-nin, par le canal impérial, Tsi-ho, Véï, Laï-tchéou.

78. L'expédition de G. Fritsche, directeur de l'observatoire de Pékin et de M-r Weber, en 1869, dans la contrée montagneuse au nord de Pékin, où est situé Gé-khé, résidence d'été de l'empereur. Le voyage de G. Fritsche, en 1873, de Pékin à Tchi-fou, par le Hoang-ho (fleuve jaune) et à travers la province de Chan-tung, et de Pékin à Tsouroukhaïtouï, par le nord de la Chine, le sud-est de la Mongolie et les monts Khinghan.

79. Le voyage de P. Unterberger, actuellement lieutenant-général, en 1876, de Tsian-tsin à Tchen-tsian.

80. L'expédition du général-major D. Poutiata explora, en 1891, l'espace désigné sous les noms de Khingan et Inchan, et compris entre Tien-tsin, Kalgan, Pin-tsouan-tchoou et le couvent des lamas de Entsighen-Soumé, dans la province de Tchili. D. Poutiata releva le parcours, en faisant de nombreuses observations astronomiques et des collections botaniques, zoologiques et géologiques très complètes.

81. Le célèbre géologue, baron Ferdinand de Richthofen, dans la suite président de la Société de géographie de Berlin, accomplit, de sep-

tembre 1868 au 31 mai 1870, le voyage suivant en Chine: 1868. Pékin, Takou, port franc situé dans le Tian-Dzinn, en traversant le golfe de Pé-tchi-li, et doublant le cap Chan-toung, ensuite par la mer de Chine (Hoang-hai) à Shanghaï. Shanghaï, Toung-tchéou, Tchin-Kiang, Nankin, Ichéou, à Hang-tchéou en traversant le lac Taïhu, Chao-King, Ning-pó, Tchin-hiou.

1869. Shanghaï, Hang-tchéou, Yan-tchéou, Yao-tchéou, en longeant les bords du Yan-hou (lac), Kien-Kiang, Voutchan, et retour à Shanghaï en descendant le Yang-tsé-Kiang et touchant Yang-tchéou, et Tsoung-ming. Shanghaï, Itchéou, Si-Nan, Veï, Hoang, Fouchaou, le golfe du Pétchi-li (par mer), Takou et Pékin. Pékin, Youngping, Nin-tchouen, Ching-Yang, Toung-houang-Ching, Port Adams, le long des côtes du golfe de Liao-toung jusqu'à l'embouchure du Liao-ho. Pékin, Takou et Shanghaï, en suivant le même itinéraire qu'en 1868, et de Shanghaï à Canton par le détroit de Fou-kiang, entre Formose et la province de Foukiang.

1870. De Canton directement au nord, par les provinces de Kouang-Toung, Kokh-len, Hounan, les villes de You-tchéou, Voutchang, Siang-Yang, le Péïho, Honan, Hoaïking, Ping-Yang, Chéou-Yang, Pékin.

Le baron, F. de Richthofen explora la Chine dans différentes directions de 1868 à 1872. Dans son magistral ouvrage intitulé „la Chine“, nous trouvons des indications qui prouvent que cet explorateur a conçu le premier l'idée et le plan méthodique d'un réseau de chemins de fer chinois.

Obs. „Les aquarelles du docteur P. Piassetzky ont ressuscité en moi l'image de la Chine tout entière", dit F. Richthofen.

L'expédition en Chine de la mission scientifique et commerciale allemande. Partie de Hong-Kong, la mission remonta le Yang-tsé-Kiang sur un parcours de 1100 milles anglais, et, se dirigeant ensuite à l'ouest le long du Sikiang, atteignit les villes de Hang-Tchou et Son-Tchou, ouvertes aux Européens depuis 1896 seulement.

Voyage de E. Bonin, vice-résident en Indo-Chine, 1895—96, à travers le Thibet oriental et la Chine.

82. Itinéraire d'Oxenham (1868), de Pékin à Vou-tchang-fou sur le Yang-tsé-Kiang, en se dirigeant du nord au sud, par Tching-ting, Tchang-te, Tchou-ning et Soui.

83. L'expédition au Kan-sou de M. G. Potanine, en 1884—86, accompagné de M. Bérésovsky, du topographe militaire A. Skassi, de M-me Potanine, femme du chef de l'expédition, de Pékin à Soung-pou, par Pao-ting-fou, Ting-tsian, Tou-ping-tsian, les monts Outaï, Kweï-hua-tcheng (Koukou-Khoten), King-pien (Boro-Bolgassoun). Lan-tchoou-fou, Si-ning, le couvent de

Labran et la ville de Hé-tchoou. De Sung-paou, dernier point à l'est atteint par l'expédition, elle se dirigea sur Kiakhta. En avril 1886, elle trouva le lac Koukou-Noor encore couvert de glace; à partir de Hao-taï elle traversa des contrées inexplorées jusqu'alors, pour atteindre Kiakhta, où elle arriva après avoir passé deux ans et demi dans les confins de la Chine.

Pendant leur voyage les membres de l'expédition relevèrent 6000 km. de route, en faisant chaque jour des observations météorologiques. En outre, l'expédition rapporta de riches collections zoologiques, botaniques et ethnographiques.

84. M. W. Rockhill, américain, un des rares voyageurs qui connaissent en même temps le chinois et le thibétain, fit de 1891—92 le voyage suivant: Pékin, Kalgan, Lan-tchéou-fou, Si-ning, en contournant le Koukou-Noor au sud, par la province du Tsaïdam sud, la chaîne de Marco-Polo, la province de Tchang-Tang, le Tchargat-Tcho (lac), dernier point marqué sur notre carte.

Obs. Une courageuse Française, M-me Massieu, accomplit un voyage, de Saïgon par toute l'Indo-Chine française, Canton, le Yang-tsé-Kiang, jusque chez les Aïnos du Japon nord, après un séjour chez lesquels elle se rendit à Moscou par Pékin, Kiakhta, etc.

85. L'ingénieur des mines W. Obroutchef, 1892—94, fit des recherches géologiques au centre et à l'est de la Mongolie, dans l'Ordos, l'Ala-

chan, le Nian-Chan, le Beï-Chan, l'est du Thian-Chan et les provinces chinoises: Tchili, Chan-Si, Chin-Si et Gan-Sou, en suivant l'itinéraire: Kiakhta, Pékin, Boro-Bolgassoun, Nin-Sia, Lan-tchéou, Sou-tchéou, Nan-Chan, la Mongolie centrale, Boro-Bolgassoun, Tchao-Khoua, Lan-tchéou, la chaîne de Richthofen, nom donné par Obroutchef, et de la chaîne de Humboldt, mont. Mouchketoff, Tsaïdam, le Kourlyk-Nor, jusqu'à Doulan-Kit, région qu'aucun Européen n'avait visitée avant lui, Sou-Tchéou, Hami, Louk-Tchoun, Ouroumtchi et la Kouldja.

Obs. 1⁰ W. Obroutchef, pendant les années 1886, 1887, 1888 fit, dans les plaines transcaspiennes, des recherches sur le niveau des eaux et le caractère des sables dans le but d'obvier à l'ensablement de la voie transcaspienne.

2⁰ W. Obroutchef, de 1888—95, a donné un „Essai sur les minéraux utilisables" de la Sibérie orientale (à l'exception du district de Nertchinsk et du territoire de l'Oussouri), et fait des recherches sur les gisements de lignite et de lapis-lazuli, ainsi que sur les sables aurifères du gouvernement d'Irkoutsk et du territoire d'Iakoutsk.

Les recherches géologiques de W. Obroutchef (1895—98) le long de la section transbaïkalienne du Transsibérien ont constaté l'existence de gisements de houille, de fer et autres matériaux utilisables pour les travaux de construction de cette ligne.

Au congrès international de géographie à Berlin, en 1899, W. Obroutchef a donné lecture d'un communiqué sur l'orographie et la structure de la Transbaïkalie, résultat d'études faites par lui de 1895—98.

86. D. A. Donaldson-Smith. 1897. Tien-tsin, Pékin, Ko-Pi-Koou, (porte de la muraille de Chine) remontée du Hoong-ho jusqu'à Dolon-Noor. De Dolon-Noor au nord-est, jusqu'à Tsitsikar, par les provinces de Tchili, de Mongolie et de Kirin.

87. Le capitaine M. S. Wellby et le lieutenant Malmcolm[1]). Takou, Tien-tsin, Pékin, Souan-Khoua, Baou-Tou, le Hoang-ho, Lantchéou-fou, Si-ning, le Koukou-Noor, la province de Tsaïdam, au nord du lac Yachi-koul, Leh et Cachemire.

88. L'expédition de G. Groum-Grzimaïlo, 1884—87, dans la région de l'Altaï-Pamir qui forme la limite du massif central de l'Asie.

En 1884, l'expédition explora quelques-uns des cols situés entre la ville d'Och et le lac Karakoul, ainsi que le cours du Koksou, du Karachoun, du Kisit-sou et du Mouk-sou.

En 1885, M. Groum, accompagné du topographe militaire Radionoff, se rendit de Samarkand à Char-Abad, par Djam, Karchi, Gou-

---

[1]) Publié par la Société Royale de Géographie de Londres.

zar, et le défilé de Tchak-Tchak. De Char-Abad l'expédition atteignit Kala-i-Khoum, en faisant différentes digressions, et revint à Samarkand par Garm, Feïsabad, Kafirnagan, Tach-Kourgan, Chaar, Tchim-Kourgan et Karchi. Dans le courant de l'expédition, M. Groum a fait de nombreuses et intéressantes acquisitions pour sa spécialité, l'entomologie, tandis que son compagnon, M. Radionoff releva l'itinéraire de l'expédition, raccordant ainsi les levés des zoologistes N. Sévertzoff, W. Roussoff, O. Fedtchenko et W. Ochanine, qui avaient visité ces contrées antérieurement.

En 1886 l'expédition explora le plateau du Thian-Chan au point de vue zoo-géographique.

Les frais de l'expédition ont été couverts par la libéralité du président actuel de la S. R. I. G. le grand-duc Nicolas Mikhaïlovitch.

En 1887 G. Groum, en compagnie de son frère, M. Groum, entreprit aux frais du comte S. Schérémetief, le protecteur si connu des arts et des sciences, une expédition dans le même but dans la partie des Pamirs située à l'est du massif de Sel-taou.

Les frères G. et M. Groum-Grzimaïlo, de 1889—90. La Djoungarie, le Turkestan: les villes de Kouldja, Chi-kho, Manas, Ouroumtchi, Goutchen, Gachioun, Pitchan, Tourfan, la chaîne du Kourough-tagh, de là, dans le Gobi de Gachoun, et retour à Kouldja par Pitchan, Hami, Soudjoou, Gan-djoou, Darghen-tin, Djaïk, le long de la côte sud-ouest du Koukou-Noor, par le col de Tonsouk-Kika, Sou-Tchéou, et An-Si.

En 1890, les frères Groum-Grzimaïlo découvrirent une vaste dépression au centre du continent asiatique, entre les contreforts du Thian-Chan, où est située la ville de Louktchoun, au niveau de la mer. La moyenne de la température dans ces contrées n'a d'égale, en été, que celle du Sahara.

89. Expédition du colonel P. Matvéef, actuellement lieutenant-général, de Kouldja à Chikho, 1878. De Kouldja, par le défilé de Sityrtin et le col de même nom, au versant nord de la chaîne de Borokhoro et à Chikho, par les villes de Djinkho et Singamou. Retour à Kouldja par Djinkho, les abords du lac Saïram-Noor et le col de Talkin. L'expédition décrivit et releva les deux meilleures routes conduisant de la vallée de l'Ili dans la Djoungarie occidentale.

90. L'ambassade du capitaine d'état-major A. Kouropatkine, dans la suite ministre de la guerre, à Kachgar (1876), pour la délimitation du Ferghana, récemment annexé, et du Kachgar, constituant alors un état indépendant.

Faisaient partie de cette expédition: le capitaine d'artillerie N. Kouropatkine, les topographes militaires N. Startzef et A. Sounargouloff, le médecin Örn et le naturaliste A. Wilkins. Les topographes de l'expédition firent le levé de l'itinéraire de Vernoé à Kachgar par Manas, Ouroumtchi, Tourfan, Kourla et Ak-sou.

A. Kouropatkine a composé un essai historico-géographique de ces contrées, publié sous le titre „le Kachgar".

Obs. L'expédition du colonel d'état-major, plus tard gouverneur du territoire de Sémipalatinsk, W. Poltoratzky, au delà du Naryn, en 1867, dans le but d'étudier la frontière chinoise qui longeait alors la steppe des Kirghiz et le Thian-Chan. L'expédition se dirigea vers les contreforts sud du Thian-Chan, en traversant les plaines de l'Ili, pour s'arrêter à 55 km. de Kachgar, dont l'entrée lui était interdite pour des raisons politiques.

Le baron Th. Osten-Saken qui voyageait dans la même région à cette époque, se joignit à l'expédition.

Le colonel W. Poltoratzky est le premier voyageur russe qui ait atteint les glaciers du Moussar. Le baron Th. Osten-Saken étudia l'espace compris entre les lacs: l'Issyk-koul, le Son-koul et le Tchatyr-koul, dans la direction de Kachgar. Le topographe Z. Matoussovsky releva environ 13,000 km. de route. Tous les susdits membres de l'expédition participèrent aux collections de la flore et de la faune du pays.

91. L'expédition de W. Roborovsky et

P. Kozloff, les fidèles compagnons du défunt de M. Przevalsky, avait pour but de traverser l'Asie centrale sur une ligne allant du nord-ouest au sud-est, jusqu'au dernier point relevé par A. Skassi, lors de l'expédition de Kan-Sou (1884—1888). Le retour de l'expédition devait s'effectuer par un autre chemin se dirigeant vers le cirque de Louk-Tchoun. W. Roborovsky et P. Kozloff étaient accompagnés du préparateur Kourilovitch, de l'interprète Lodyguine et d'une escorte de huit cosaques et deux guides. Dans le courant des années 1893, 1894 et 1895 plus de 17,000 km. furent relevés; des observations astronomiques furent faites à 30 points, ainsi qu'une foule d'observations hypsométriques et météorologiques, et les voyageurs rapportèrent des spécimens de la faune et de la flore de ces contrées, ainsi que des objets ayant trait à l'ethnographie.

L'indication des points suivants suffira pour donner une idée du rayon exploré: Przevalsk, Kourla, Pitchan, Ouroumtchi, Manass, Zaïssan, Goutchen, Tchenty, Doptchouk, Khami, les lacs Bar-koul et Adak, le hameau de Nomm, le mont Tsaghan-Depsyk, Tchan-Lu-Fi, les points d'eau de Chou-Gouza et de Sa-Djoou, le lac Kountéï, les rivières l'Oroguyn-Gol et Baoumyn-Gol, les lacs Tsaïdamyn-Noor, Kourlyk-Noor, Toso-Noor, In-a-Tchi, Khou-Lé, Ouï-Myn-Sian, le lac Koukou-Noor, les campements de Dsoun-Zassak et de

Baroun-Zassak, le lac Odon-Tchilotou (Kara-Noor), le mont Tché-Ola, la chaîne du Nan-Chan, les mines d'or du Bardoun, le lac Lob-Noor, et la chaîne du Kourouk-Tag.

Obs. L'échelle de notre carte ne permet pas de suivre les indications de l'itinéraire de W. Roborovsky et P. Kozloff, à cause de l'abondance de détails minutieux qu'il offre.

92. J. L. Dutreuil de Rhins (et F. Grenard). Mission scientifique dans la haute Asie 1890—95. Voyage au Turkestan, au Thibet et en Chine. Kachgar, Yarkend, Khotan, Kiria, et au sud, Leh par Yéchil-koul (Yssy-koul).

Leh, Yéchil-koul, Tchertchen, ensuite brusquement vers le sud, jusqu'à l'extrémité ouest de la chaîne de Gangri, et le long du versant nord de cette chaîne, qu'il franchit près du lac Garingtso pour atteindre Dam, à 90 km. au nord de Lhassa. De là, au nord-est, jusqu'au Koukou-Noor et la Chine par Si-ning, Lan-tchéou-fou, Tsing-tchéou.

Obs. 1° Après avoir quitté, en juin 1894, Gyergoundo, dans le Thibet, pour se rendre par le chemin le plus court à Si-ning, Dutreuil de Rhins, que la duplicité de l'agent chinois de l'endroit avait laissé sans guide, atteignit, après une marche des plus pénibles, un hangar inoccupé à proximité d'un village. Deux de ses chevaux lui ayant été volés, il en fit saisir, comme gage, deux dans le village. Les habitants, hostiles aux étrangers, vinrent en nombre, le lendemain matin, attaquer la petite caravane. Dutreuil de Rhins tomba, mortellement blessé (à l'aine), tandis que ses compagnons, entourés et violemment bousculés par les Thibétains qui exigeaient leur départ immédiat, furent obligés de céder aux menaces, et d'abandonner leur chef. Quelques jours plus tard, Grenard apprit que le malheureux explorateur avait été jeté pieds et poings liés dans la rivière Do-tchou. Grenard continua seul le voyage à Si-ning et de là à Pékin.

2° Les résultats de cette expédition ont été publiés en 3 vol. in-folio, intitulés comme suit: Première partie „Récit du voyage" (19 février 1891—22 février 1895). Deuxième partie „Le Turkestan et le Thibet". Étude ethnographique et sociologique par F. Grenard. Troisième partie. Histoire - Linguistique - Archéologie - Géographie, par F. Grenard. Appendices scientifiques.

93. A. D. Carey [1]. Le Turkestan chinois et le nord du Thibet. Leh, Yarkend, Ak-Sou, Shah-Yar, Khotan, Keria, Tachlik-koul, Leh. Kouchar, Kourla, Karachar, Tourfan, Pitchan, Hami, Ghenché (Nenché), le Kuen-Luen, la chaîne d'Altun, le col de Tchéman-Bachkoul, la Tchaklik, Koultoukmit-koul et Kouchar, par Shah-Yar.

94. Lieutenant F. E. Younghusband [2]. Le

---

[1] Publié par la Société Royale de Géographie de Londres 1887.

[2] Publié par la S. R. G. de Londres 1888.

Cachemire, le Baltistan, le Kanjout et les Pamirs. La Chine: Yarkend, Kachgar, Outch-Tourfan, Ak-Sou, Kourla, Hami, Ya-hou et Mon-tchin-tol, sur le versant sud de l'Altaï, et, le long de la limite sud de la Mongolie, par Kweï-hua-tcheng et Kalgan à Pékin.

95. Le capitaine Bower, 1891—92. Leh, le lac Horpa-tcho, le plus élevé du monde, à 5465 mètres d'altitude, le lac Aroutcho, inexploré jusque-là, Nagmo, Gaga-Lintchen, d'où il retourna à l'ouest en longeant les bords sud des lacs Aringtcho et Tchargat-tcho, pour reprendre bientôt la direction Est, et se rendre dans les provinces situées en dehors de notre carte.

96. C. W. Hayward, 1868—70. De Leh à Kachgar par Tanksi, Taldat, le long du versant est du Kuen-Luen, le col de Soughet, Sountchou, Kargalyk, Yarkend et Yanghissar. De Srinagar (Cachemire) à Yassin, par Iskardo, le long de l'Indus et de Bountchi à l'ouest, sur Yassyn.

97. L'expédition des Pandits (Hindous) de 1864. Thok-Tchaloung, Gartok (Gar-yarsa), le long de la rive gauche du Gartoung-tchou, jusqu'au confluent avec l'Indus, et le long de la rive gauche de ce dernier, jusqu'à Dchiatchan. Du confluent des deux fleuves susnommés, — au nord-ouest, en longeant la rive gauche de l'Indus jusqu'à Demitcholé, et de là, en faisant un coude au sud, à Totling (sur le Setledtch), et suivant la chaîne de Rong-tchoung, jusqu'à Chipka; de

ce point l'expédition se dirigea dans l'Himalaya.

Pendant la seconde expédition, de 1865—67, les Pandits, à partir de Gartok, dirigèrent leurs explorations dans deux directions différentes: au sud-ouest et au sud-est, jusqu'à l'Himalaya, et ensuite à l'est, dans la direction des lacs Rakouz Tal et Tso-Mapan (Mausaraour) etc. Le pandit Naïn-Sing 1873—75. Les lacs Pangoug, Noh, Naintso, Tengri-Nor.

Les célèbres explorateurs Moorcroft et Hearsey en 1812, Gerard en 1818 et 1822, le capitaine Strochey et les frères Schlagintweit, en 1855, dirigèrent leurs explorations du sud au nord, en franchissant la chaîne de l'Himalaya à différents points; plusieurs localités et provinces visitées par eux se trouvent marquées sur la partie inférieure de notre carte.

98. Voyage de V. Novitzky, capitaine d'état-major, de Pétersbourg à Och dans le Ferghana, 1898, par l'Egypte, les Indes, le Béloutchistan anglais, le Khotan et le Kachgar ou Turkestan oriental. Après avoir touché le Caire, Suez, Colombo, Madras, Heïderabad, Bombay, Calcutta, Dartchiling dans l'Himalaya central, V. Novitzky atteignit Simla, premier point de son itinéraire marqué dans la partie inférieure de la troisième feuille de notre carte. De Simla, il se rendit par Lahore, dans le Béloutchistan anglais, où il visita les points suivants: Tchakobobad, Sibi,

Kvettah, Tchaman[1]), pour revenir à Lahore par Chikarpour et Moultan.

De Lahore à Pechaver par Raval-Pindy et retour à Srinagar (Cachemire) par Raval-Pindy et le Djéloumou (rivière). De Srinagar, V. Novitzky se dirigea sur le fortin chinois Shakhidoulla, en suivant la vallée du Draz, remontant l'Indus jusqu'à Léïa, et franchissant ensuite les cols de Kardouny, Sassyr, Karakorum et Soughet. De Shakhidoulla, il entreprit un voyage d'exploration à l'est de la chaîne de Raskem, qu'il franchit par le col de Karlik-Davan, et gagna enfin Och, par l'Oulang-Sou (rivière) et les villes de Kargalyk, Yarkend, Kachgar, le Kachgar (rivière), le poste-frontière d'Irkeschtam et les monts Alaï.

99. Voyage de Peshaver au Kafiristan, du comte A. Komarovsky, président de la société russe d'encouragement de la navigation de commerce en 1891.

100. L'expédition du Turkestan, de Tachkent au khanat de Khokand, 1869—1870—1871, sous le commandement du général A. Abramoff, et composée de plusieurs topographes militaires

---

1) Tchaman, point terminus du chemin de fer stratégique qui mène de l'Inde au Béloutchistan.

Obs. Les Anglais ont fait au capitaine V. Novitzky l'accueil le plus cordial, en revanche de l'amabilité avec laquelle sont traités à Tachkent les officiers de l'armée indo-anglaise venant de Londres pour se rendre aux Indes par l'Asie Centrale.

aux ordres du général baron A. d'Aminoff, des naturalistes M-r A. et Me Olga Fedtchenko, des ingénieurs des mines D. Ivanoff et D. Myschenkoff et de l'orientaliste A. Kuhn. L'expédition poussa jusqu'au lac Iskander-koul et au glacier du Zérafchan, recueillit des renseignements sur Kachgar, Karatéguin et Bamyi-Dounga (Pamir ou Toit du Monde), et dressa une carte du khanat de Khokand, basée sur les observations astronomiques de Charles Struve.

Les travaux de A. Fedtchenko, sibérien de naissance, occupent la première place dans l'étude des bassins du Syr-Daria, du Zérafchan, et, en partie, de l'Amour-Daria. Bientôt après cette expédition il quitta le Turkestan, et périt pendant une ascension au Mont Blanc, en 1874.

Obs. La connaissance approfondie de la géographie et de la topographie des khanats de l'Asie centrale est due au membre du Conseil de l'Empire, le comte N. Ignatief et date de l'époque où il était chef de la mission militaire et diplomatique à Khiva et à Boukhara, en 1858.

L'expédition de S. Korjinsky, académicien, (pour l'histoire naturelle), C. Salemann, académicien, (ethnographie), D. Ivanoff, ingénieurs des mines (géologie), et A. Karnakoff, officier aux chevaliers-gardes, (zoologie), se rendit en 1897, par des routes différentes de Samarkand dans les provinces de Rochan et Chougnan cédées au Boukhara la même année.

L'expédition du lieutenant colonel B. Pokotillo, actuellement colonel, accompagné du topographe Glagoleff, 1866, de Samarkand au centre et à l'est de la Boukharie, ou Darvaz.

Après avoir pénétré en Boukharie par le col de Tokhta-Kartcha, l'expédition explora la partie central du khanat jusqu'au défilé de Tchaili. La route qui longe le Piandj cessant à cet endroit, l'expédition se dirigea sur Garm, qu'elle atteignit après une marche des plus pénibles dans un labyrinthe de défilés qui l'obligeaient à de nombreux détours. En route l'expédition visita le village de Zygar, situé dans la belle province de Darvaz, aussi fertile que riche en sites enchanteurs, puis la ville de Kala-i-Koumb, et franchit les chaînes de Darvaz et de Pierre le Grand. De Garm elle se rendit à Chaar, en suivant la vallée de Hissar et franchissant ensuite la chaine de même nom par le col de Sangyrd.

Le photographe Hugo Kraft séjourna à Samarkand, Ourgout, Khodjent et Tachkent de décembre 1898 à mai 1899. Sa collection de 500 photographies donnant une idée exacte des types d'indigènes, des costumes, des constructions et des us et coutumes de ces contrées a formé, en 1899, un des ornements de l'exposition de „l'Union centrale des arts décoratifs de Paris".

101. Le baron A. Kaulbars fit, en 1869 et 1870, les levés dans la région située aux sources du Narinn, et sur les confins de l'Altyschar et du

Khokand; il explora une partie du massif central du Thian-Chan, et, le premier, fit l'ascension du fameux col de Moussar.

A. Kaulbars fut aussi chef de l'expédition au delta de l'Amou-Daria et prit part, avec K. Scharnhorst, à celle qui explora les sources du Syr-Daria et les pays environnants, et pénétra, en 1872, jusqu'à Kachgar, raccordant ainsi les travaux russes et anglais dans l'Asie centrale.

102. L'expédition du lieutenant colonel B. Pokotillo, accompagné du topographe Glagolef fit, en 1886, une reconnaissance au centre de la Boukharie pour relever la vallée de la Kachka-Daria, du Sourkhan, du Kafirnagan inférieur, de la Vakhcha et du Kisil-Sou; après avoir passé sur la rive droite de l'Amou-Daria, l'expédition longea le Piandj jusqu'au village boukhare de Khondjirvou, situé en face de la ville de Khokhone dans l'Afghanistan. Pénétrant ensuite dans la partie est de la Boukharie (appelée Darvaz), l'expédition atteignit Chaar, par Garm.

103. L'expédition du colonel B. Grombczevski au Kandjout en 1888. Franchissant les Pamirs, le colonel B. Grombczevski pénétra dans cette contrée, restée inconnue jusque là et située dans le bassin supérieur de l'Indus.

Parti de Marghelan, il atteignit bientôt le col de Vakhdjir, dont l'altitude ne le cède que de

90 mètres à celle du Mont Blanc; après avoir erré pendant trois jours dans les montagnes, il atteignit Baltita, capitale du khanat de Koundjout, en traversant la chaîne du Moustagh.

Obs. L'Anglais Cockhart avait visité le Koundjout en 1886, mais ce fait ne fut connu qu'en août 1888, c'est à dire pendant le séjour de B. Grombczevski dans ce pays.

De Baltita il parvint à pénétrer presque jusqu'à la source de la Raskem-Daria; sur un des affluents de cette dernière il visita les gisements de néphrite d'où fut extraite, selon la tradition, la pierre tombale de Tamerlan.

Se trouvant à bout de ressources, le colonel B. Grombczevski se vit obligé de rebrousser chemin sans avoir pu atteindre le dernier point marqué sur les levés de l'Anglais F. E. Younghusband (v. p. 170), pour regagner Marghelan par Kachgar.

L'expédition du colonel B. Grombczevski, de 1889—1890, au Kafiristan, sur les versants est du Moustagh et dans le sud-ouest de Thibet.

De Marghelan, l'expédition atteignit Kala-i-Khoumb, capitale du Darvaz, par Alaï, Karatéghin et Vakhia. De Kala-i-Khoumb, elle remonta la rive droite du Piandj, sans pouvoir pénétrer dans le Kafiristan par cette voie; une tentative d'y entrer par Tchatrar échoua également. L'expédition suivit alors la chaîne du Moustagh jusqu'au bassin de la Raskem.

Pendant les 55 jours qu'elle passa dans ce bassin elle explora le col de Chimchal, qui mène au Kandjout en franchissant l'Himalaya, les cols de Moustagh et de Balti-Davan, menant au Cachemire, ainsi que tous ceux de la chaîne de Raskem qui aboutissent en Kachgarie. Arrivée à Kachgar, l'expédition se rendit à l'est, à Niou, en longeant le Kuen-Luen, et passa dans cette ville l'hiver de 1889—1890, en compagnie des membres de l'expédition du général M. Pévtzoff (v. p. 140). En 1890 l'expédition, après avoir exploré une partie considérable du plateau thibétain, revint au Kachgar, en Juillet de la même année, d'où elle regagna Och après avoir passé 17 mois hors des limites de l'empire.

B. Grombczevski releva tout le parcours, en déterminant les coordonnées géographiques à l'aide d'observation astronomiques dans plusieurs localités; en outre il fit de riches collections ethnographiques, botaniques, géologiques et entomologiques, et rapporta un grand nombre de vues photographiques des localités parcourues.

104. La commission de délimitation de la Boukharie et de l'Afghanistan, composée des géodésistes russes: P. Kuhlberg et D. Guédéonoff, et de l'Anglais Ridgway qui dressèrent une excellente carte de la zone en question, au 1/840.000.

105. Le voyage de N. Grodékoff, actuellement gouverneur général du territoire de

l'Amour, de Samarkand à la mer Caspienne en traversant le Turkestan et la Perse, en 1878. N. Grodékoff se rendit de Boukhara à Astrabad par Maïméné, Hérat et Meshed, route que seul Vambéry avait suivie avant lui. Ce voyage aussi intéressant que hasardeux, a fourni de nombreuses données sur l'Afghanistan.

N. Grodékoff a étudié, avec la précision qui lui est propre, la situation économique et l'ethnographie des populations du Territoire du Syr-Daria, dont il était gouverneur.

106. L'expédition du général d'état-major, N. Stolétoff, actuellement général d'infanterie, de Tachkent à Kaboul, traversa en 1877 le territoire de Boukharie, en se dirigeant de Samarkand à Chir-Abad et touchant les villes de Masari-Chérif et Tach-Kourgan, situées sur la rive gauche de l'Amou-Daria. Pour atteindre Kaboul, l'expédition, partie de Tach-Kourgan, remonta la Khoulmskoïa (riv.) jusqu'au défilé de Bamian et franchit l'Hindoukouch par le col d'Irak, jusque-là inconnu des voyageurs européens.

Pour revenir, l'expédition, sous la direction du général major K. Rasgonoff, gagna le défilé de Bamian en suivant un itinéraire différent, et rentra à Tachkent, en 1878, par Tach-Kourgan.

Le topographe Bendersky, attaché à l'expédition releva tout le parcours, en rattachant ses levés à ceux des Anglais.

Obs. Les régions du Turkestan oriental et de

l'ouest du Thibet contiguës à nos possessions ont été explorées sur un parcours de 5300 milles, de 1897—1898, par le capitaine de l'armée anglaise Deazy, qui visita le premier des parties de la vallée du Yarkend-Daria où, jusqu'à lui, aucun voyageur n'avait pénétré.

107. Le Colonel V. Filippoff, actuellement lieutenant-général d'état-major, accompagné du topographe Bykoff, explora le premier l'espace situé entre Tchardjouï et Kabadian sur le Kafir-nagan, en remontant l'Amour-Daria, qu'il traversa à Khadji-Salar.

108. I. Strelbitzky, capitaine d'état-major, de Méshed au Séistan de 1889—1891.

109. Le grand voyage, accompli en 1896 par l'explorateur M. le Dr. Franke dans le territoire Indo-Afghan. De Karatchi à Kandahar et de Quetta, par Kaboul, Tchitral, Lahore, Simla au sud-est, hors des limites de notre carte.

110. Voyage de A. H. Mac Mahon, capt., au Béloutchistan et au sud de l'Afghanistan. De la ville de Gwatar, sur la mer d'Oman, au nord, jusqu'à Shah-Godar, et de là, au sud-est, à Shikarpour, par Tchaghi, Quetta, Boukkour et l'Indus.

111. Voyage de T. H. Holdich, colonel, le long des frontières de la Perse, du Béloutchistan et de l'Afghanistan. De Gwatar, en remontant le Dacht par Kouhak dans la direction de Lach.

Obs. Le „geographical journal", 1897, donne une carte intitulée: „Sketch map of Baluchistan and its Afghan and Persian borders, 1896. To accompany the paper by Capt. A. N. Mc. Mahon and Colonel T. N. Holdich. R. E. C. B.".

Cette carte est basée sur les travaux antérieurs suivants: Capitain Christie's Route 1810. General Sir Charles Macgregor's Route 1877. Afghan Boundary Commission 1884—85. A cette carte est jointe un profil de la frontière de l'Afghanistan et du Béloutchistan.

Voyage de M-rs Léontief et Patrine, de Djoulfa en Inde, par Téhéran, et le Béloutchistan en 1890—1891.

112. L'expédition au Badakhchan de P. Matvéef, actuellement lieutenant général, en compagnie de l'astronome Th. Schwartz et du zoologiste A. Roussoff, qui, du reste, ne participa aux travaux de l'expédition que dans les commencements, en 1879. Pour se rendre de Samarkand à Feisabad, capitale du Badakhchan, l'expédition se vit obligée de faire un détour, en prenant par Chaar, Yar-Tioubé, Derbent, Baïssoun, Dénaou, Yourtchi, le long de la rive droite de l'Amou-Daria, Roustak et par des sentiers inconnus jusqu'alors.

Les cols de l'Hindoukouch qui donnent accès au Kafiristan étant fermés au voyageur, ainsi que la route de Kaboul, à cause de complications politiques, ils se virent obligés de rebrousser chemin, en se dirigeant vers le nord de l'Afghanistan, et touchant Méshed, Talakhan, Koundouz,

Tach-Kourgan et Masari-Chérif. A Patta-Hissar les voyageurs traversèrent l'Amou-Daria pour entrer en Boukharie, où ils explorèrent la route conduisant de Chir-Abad à Gouzar, par Tchachi-na-i-Khafidjan, et atteignirent Samarkand par la route de Chaar. A. Feisabad, leurs levés furent raccordés avec ceux Anglais. Les coordonnées géographiques de plusieurs points de l'Afghanistan nord furent déterminées.

Obs. L'expédition de P. Matvéef avait été précédée uniquement de celle de l'Anglais Herbert Wood, major du génie, le premier Européen qui visita le Badakhchan en 1838, tandis que les limites de ce pays à peu près inconnu, et les cols qui y donnent accès n'avaient été rapidement parcourus que par quelques indigènes attachés à la section hindoue de topographie.

113. Voyage et levés de M. M. Lovett, Goldsmid et St. John dans la Perse centrale et les territoires limitrophes de l'Afghanistan et du Béloutchistan.

Le capitaine St. John. Téhéran, Bender-Bouchir. 1871. Téhéran, Koum, Ispahan, Schiraz, Bender-Bouchir.

Le major Lovett. Schiraz-Bam. 1872. Schiraz, contour du lac salé Niriz au sud, Seidabad, Kirman, Bam.

Frédérik Goldsmid. Bam-Séistan et Méshed. 1872. Bam, Lasch, Khérat et Méshed.

114. La Mission Impériale Russe en

Perse. 1858. Les levés de la route par Ardébil, Lenkoran et Rescht à Téhéran furent exécutés par M. le baron Tornau, tandis que B. Lemm faisait des observations astronomiques.

A la même époque I. Blaramberg, après son voyage au Khorassan, publiait des données statistiques sur la Perse, et B. Lemm entreprenant un voyage de Rescht à Méshed.

L'expédition au Khorassan, 1858, composée de: N. Khanykoff, chef de l'expédition, A. Bunge, botaniste, A. Hebel, géologue, et R. Lenz, pour les travaux de géographie physique et mathématique. Par l'abondance des données recueillies cette expédition, bien outillée et composée de savants distingués, peut être regardée comme l'une des entreprises les plus fructueuses de la S. I. G. R.

L'expédition fixa l'itinéraire suivant: Téhéran, Astrabad, Méshed, Hérat, Lasch, Kerman et plus loin, dans la direction de Naïan, hors des limites de notre carte.

115. A. I. Ceyp. De Kachan à Machkid. Téhéran, Ardistan, Schiraguin, Nayan, Ak-dé, Yezd. De Yezd à Kirman par Seryezd, Ennar, Péyaz, Veramabid. De Kirman à Bam par Mégoun, les villages Rayinn et Darzinn. De Bam à Machkid par Righan, Lédir, Bampour et Kachan.

Obs. P. Romanoff, aujourd'hui aide du ministre des finances, a fait paraître, en 1891, une brochure sous le titre „La question des chemins de fer en Perse, avec une carte à l'échelle de 1/7.644.000. Cette notice a attiré l'attention des géographes et des commerçants, et a eu pour résultat le percement d'une chaussée de 363 km. d'Enzéli à Téhéran par le col d'Elbours. Cette chaussée constitue la première route carrossable conduisant en Perse. Jusque là, le transport des voyageurs et des marchandises était effectué par des bêtes de somme qui suivaient des sentiers de montagnes.

116. Les relations de Marco-Polo, (1254—1323), le premier européen qui visita l'Asie centrale, surnommé le Humboldt du XIII siècle, contiennent plusieurs détails précieux sur les Pamirs, le Turkestan oriental et la Mongolie. Nous nous bornerons à l'indication des itinéraires suivants: Minab, à l'est de Bounder-Abbas, et retour par Seidabad, Kerman, Hanaka, Rayin. De Kerman à Toun, par Ab-Bid, Naïband, Zenagoun, et Shahar-Soumboz. De Kerman à Yezd.

117. Le seul explorateur européen de l'antiquité qui ait pénétré dans ces contrées — est Alexandre, (356—323 avant J.C.). Nous avons marqué sur notre carte une partie de son itinéraire de Karatchi à Méshed-i-Mourgab, en passant le Dascht, les sources du Serbaz, et touchant Bampour, Dijénabad, Seïdabad et Robat.

Certaines données permettent même de croire qu'il poussa jusqu'à Khodjent.

Annexe 2.

SUPPLÉMENT À L'ANNEXE 1, DONNANT LES NOMS DES EXPLORATEURS NON PORTÉS SUR LA CARTE.

La crainte de surcharger notre carte en y marquant les itinéraires de tous les voyageurs de notre connaissance, nous a porté, vu l'exiguïté de l'échelle (1/8,400,000), à nous restreindre au nombre de 117, (voir annexe 1), quitte à une simple énumération des noms des autres explorateurs, que nous avons groupés par nationalités.

SIBÉRIE.

Allemands: Immanuel — Sakhaline, Oppenheim — l'est de la Sibérie, Pech — le lac Baïkal. Bell a publié une brochure sur les voies conduisant d'Europe en Asie. *Américains:* Bernier — la terre de Sannikoff, Greely — l'océan Glacial. Jessup — l'Indighirka. *Anglais:* Chownes — le pays des Samoyèdes. Lindley, principal actionnaire de la société anonyme anglaise pour l'exploitation des mines de Transbaïkalie, Barret-Hamilton, Elwes-Altaï, Jeafferson (Joseph-Russel)—le pays des Samoyèdes, Popp-ham — le nord-ouest de la Sibérie, Sneep-sen — le nord-est de la Sibérie, Waters — le tracé du Transsibérien.... etc. — *Français:* Le baron de Baye, archéologue. Boulanger, de Cuverville, Sablé, 1897. Jules Legras — Ouvrage accompagné d'une carte hors texte et de gravures. Paris 1899. Lévat, 1897—98, de Moscou à Wladivostok description et carte. S. Lévi, de Nagasaki à Moscou par la Sibérie, 1899. *Russes:* D. Clementz, exploration du cirque de Luk-Tchoun, et de différents endroits du sud de la Sibérie et du nord de la Mongolie. Dadechkaliani, prince, le territoire de l'Amour. Expédition des astronomes de l'observatoire de Pulkova à l'occasion de l'éclipse de 1896: le directeur O. Baklund et l'astronome adjoint S. Kostinsky — à la Nouvelle Zemble, et les astronomes A. Bélopolsky et Th. Wittram — à l'Amour, P. Kryloff — Minoussinsk, Oussa, l'Iénisséï W. Ptitzyne — l'est de la Sibérie. J. Makéroff géol. — la Transbaïkalie et le territoire de l'Amour. W. Nazimoff, ingén.— découverte de terrains aurifères dans l'est de la Sibérie. Silnitzky — l'Anadyr.

TERRITOIRE TRANSCASPIEN, ASIE CENTRALE, et TURKESTAN.

Allemands: Albrecht—Asie centrale. Futterer et Holderer — l'Asie centrale. Trall — le Turkestan. *Anglais:* Cumberland — les Pamirs. Darrah—le Cachemire. Dunmore—les Pamirs, le Turkestan. Parker — les Pamirs 1897—98. Frumbull-White, 1899 — l'Asie centrale. *Danois:* Francke, mission,—le Cachemire et le Ladok. O. Olufsen, lieut.—les Pamirs. *Français:* E. Blan et Boulanger — le Turkestan. Boutrou — le territoire Transcaspien et le Turkestan. Dauvergne — l'ouest de l'Himalaya et les Pamirs. Foncin — l'Hindoukouch et les Pamirs. Foureau—les Pamirs. Gallois—Samarkand. Saint-Yves—l'Asie centrale. *Italien:* Rocca—le Turkestan. *Russes:* L. Borstchevsky, capt. — les montagnes du Turkestan, 1879, 81, 83, 84, 86, 91, 94, 95: Musée spécial à Samarkand. E. Zichy — l'Asie centrale. *Suisse:* Moser — l'Asie centrale et le Turkestan. Oltramare — l'Asie centrale, 1897—98.

PERSE, AFGHANISTAN et BÉLOUTCHISTAN.

Allemands: Bremmer, Oehlers, Genthe, Griesebach, Schindler, Seit. *Anglais:* Broderroot, Brown, Burnes, Grey, Hewitt, Lobb, Ramsay, Robertson, sir Sandeman,

Staal, Tatt. Webb-Ware, dont les travaux ont eu pour effet le tracé d'une route au travers les déserts du Béloutchistan aboutissant au Séïstan, patrie du héros légendaire Roustem. Yates. *Français:* J. de Morgan, la Perse. E. Reclus.

MONGOLIE et MANDCHOURIE.

Allemands: Grünau — Voyage édité sous le titre „La Mandchourie et la Corée", avec une carte 1897 — 98. *Anglais:* Borraday — la Mongolie, Ney-Elias — Le Turkestan, la Mongolie et la Chine. John Ross—la Mandchourie. *Français:* Buzzard — la Mongolie. Lédebour — la Mongolie. *Russes:* E. Ahnert, ingénieur — la Mandchourie, Moncondjouïef—la Mongolie et le Thibet. Schmidt—la Mandchourie et la Corée.

THIBET.

Allemands: Reichelt et Sandberg. *Anglais:* Conway, Hastings, Pick, Wedel. *Français:* Luis. *Hollandais:* M. et M-me Rijnhart. *Hongrois:* Holnoky. *Russe:* Moncondjouïef. *Suisse:* Moser.

CORÉE et CHINE.

Allemands: Bergholz. Expédition scientifique et commerciale, 1896—97. Futterer, Griff, Hirt, Müller-Beeck, Reiffert, Wiesenburg. *Anglais:* M-me Bishop, Chastian, Gundry a exploré les bassins du Yang-tsé-kiang.

Hosie, Mac-Kay, Parker, 1897—98. Thomson-Dix ans de voyages dans la Chine et l'Indo-Chine. Warner et Willis. *Français:* Arnus, Bernier, Bourne, Devlenn, Duclos. Dujardin-Beaumetz. Fauvel—Exploration des provinces chinoises de Djé-zian et Chan-toun. Gaillard. Nankin. D. Martin. Expédition de Lyon, 1896—97. Lièvre — La Corée, Le Japon. Moucher, 1894—98. Rouvier. Chevalier-Betri. Servigny. Soulié. *Hongrois:* Holnoky, Szechenyi. *Italiens:* Noghentini, 1896. Pini, 1899. *Russes:* Expédition de M. de Kozloff, du lieutenant Kaznakoff et de M. Ladyguine dans les contrées situées aux sources du Hoang-ho et du Yan-tsé-kiang, en 1899. G. Timkovski, voyage à Pékin à travers la Mongolie, en 1820 et 1821. *Scand.:* Jeremiassen — la Chine.

JAPON.

Allemands: Rein et Siebold—la 2-e édition de l'ouvrage de ce dernier sur le Japon vient de paraître. *Anglais:* Knipping, Davison, Howland, 1897—98. Patterson, Snow et Thomas. *Français:* Franconie, Garnot, A. Milne—Edwards, président de la S. G. de Paris. Ribaut. *Japonais:* Yimbe, Yokoyama, Ischi, Nasa, Souzouki.

Obs. 1° L'ouvrage de M-r Ischi n'est pas encore traduit dans les langues européennes.

2° M-r Curzon, vice-roi des Indes, a parcouru l'Asie dans différentes directions.

3° Les explorations de la majeure partie de ces voyageurs, plus ou moins connus des géographes, se rapportent aux années 1889—99. Ces indications pourront dans la suite être utilisées par les auteurs d'ouvrages dans le genre du nôtre, et leur permettront de fournir des données plus exactes et détaillées sur la structure du continent asiatique, à la condition, bien entendu, d'adopter une échelle plus considérable que celle de notre carte. (1/8,400,000).

Annexe 3.

Les voies ferrées constituant un des promoteurs les plus puissants des relations internationales, il est permis d'espérer qu'à la suite de la construction du Transsibérien le réseau des voies qui sillonneront les continents d'Europe et d'Asie à la fin du XIX siècle, sera utilisé de plus en plus pour faciliter le rapprochement entre les peuples, et, en vertu de l'axiome „time is money", favoriser l'accroissement de leur bien-être.

Ces considérations nous ont porté à donner ici quelques indications sur la durée du parcours par mer et en chemin de fer entre certains points de l'océan Glacial, de l'Atlantique et du Pacifique.

A. Durée de la traversée en paquebot[1]).

Londres pouvant être regardé comme le centre

[1]) La fréquence des départs dépendant de la quantité de bâtiments dont disposent les compagnies, et du nombre de ces dernières, il va sans dire que nos données ne peuvent prétendre qu'à une exactitude relative.

du commerce du monde entier, nous le prendrons comme point de départ.

1. Londres-Wladivostok: Atlantic Transport Line, par New-York — 6 jours[1]), San-Francisco[2]) — 4 j., par le Canadian Pacific R-way, via Vancouver — 4 j., par Northern Pacific R-way, via Niagara-Chicago, et la Nippon Yusen Kaïsha, par Yokohama — 18 j. (S. Francisco-Yokohama — 11 j.; Yokohama-Wladivostok — 7 j.) . . . . Jours. 28

Départs quotidiens.

2. Londres-Wladivostok: The Pacific Steam Navigation C°, via Brindisi, Suez, Port-Saïd — 6 j., Aden — 5 j., Bombay — 5 j., Colombo — 1 j., et par Shanghaï — 21 j., (Colombo-Shanghaï 18 j.; Shanghaï-Wladivostok — 3 j.); 11832 milles. 38

Le nombre des départs est variable.

3. Londres-Calcutta: Peninsular and Oriental C°, Malte, Port-Saïd, Aden, Colombo, Madras; 8499 milles 30

Une fois par semaine.

4. Londres-Shanghaï, par Wladivostok 32

Obs. Wladivostok-Shanghaï, via Nagasaki, 1155 miles.

5. Londres-Shanghaï: P. & O. C., via Brindisi, Suez . . . . 10840 milles 35

---

1) Londres-New-York, 3245 milles.

2) San-Francisco-Wladivostok, 6100 milles.

6. Londres—Nagasaki: Pacific Mail Steamship C°, New-York, San-Francisco, Jours.
Yokohama 25

Obs. Londres-New-York, 3245 milles. San-Francisco-Nagasaki, 5420 milles.

7. Londres—Nagasaki: P. & O. C., via Brindisi, Port-Saïd, Aden, Bombay, Colombo .... 11070 milles 35

8. Londres—Yokohama: P. & O. C., via Brindisi, Port-Saïd—6 j., Aden—5 j., Bombay—5 j., Colombo—1 j., Nagasaki—18 j., Yokohama—5 j... 12564 milles 40

9. Londres—Yokohama: P.&O.C., via Brindisi, Port-Saïd, Aden, Bombay, Colombo, Pénang, Singapour, Hongkong, Shanghaï, Nagasaki et Kobé .. 11956 milles.... 42

Après Londres, les ports choisis ordinairement pour le trajet par mer sont: Hambourg, Brême, Rotterdam, Anvers, le Havre, Marseille:

10. Hambourg[1])
11. Brême[1]) } — Wladivostok:
12. Rotterdam[1])

10 — Hambourg American Line; 11 — Norddeutscher Lloyd; 12 — Compagnie Hollando-Américaine, par New-York etc... itinéraire № 1 28

[1]) De Londres à Hambourg — 26 heures. Londres-Brême, 36 heures. Brême—New-York, 3859 milles. Londres-Rotterdam, 12 heures.

13. Hambourg
14. Brême — Wladivostok:
15. Rotterdam

compagnies énumérées aux №№ 10, 11, 12, par Marseille — 7 j., Gênes — 4 j., Naples — 1 j., Port-Saïd — 5 j., Suez — 1 j., Aden — 5 j., Colombo — 7 j., Singapour — 6 j., Shanghaï — 8 j., Wladivostok — 5 j. . . . . Jours. 48

Obs. 1. La différence dans la durée du trajet de Hambourg, Brême ou Rotterdam à Wladivostok ne dépasse pas 24 heures. Brême—Wladivostok, 12.392 milles.

2. Retour de Wladivostok en chemin de fer à Hambourg — 16 j. 8 h., Brême — 16 j. 10 h., Rotterdam — 16 j. 15 h.

16. Brême-Shanghaï: Norddeutscher Lloyd, Anvers—1 j., et arrêt de 3 j., Southampton — 1 j., Gênes — 8 j., Naples — 1 j., Port-Saïd — 4 j., Suez — 1 j., Aden — 5 j., Colombo — 7 j., Singapour — 6 j., Hongkong — 6 j., Shanghaï — 4 j.; 11,559 milles 47

17. Anvers[1])—Wladivostok: par Gênes, Naples, Port-Saïd, Suez, Aden, Colombo, 12,022 milles 47

18. Le Havre[2])—Wladivostok: C-ie Générale Transatlantique, Southampton, New-York — 6 j., San-Francisco — 4 j., Yokohoma — 12 j., Wladivostok — 8 j. 30

---

[1]) De Londres à Anvers — 12 heures.

[2]) Londres — le Havre, 16 heures.

Obs. Le Havre — New-York, 3170 milles.

19. Marseille[1]) — Wladivostok: C-ie des Bateaux à vapeur du Nord, le Havre— 11 j. (transbordement). Par la C-ie Générale Transatlantique: Southampton, New-York — 6 j. etc. itinéraire № 16. . . . . Jours. 41

		Jours.
20. Marseille —	Odessa, 2145, environ	7½
„	Novorossiisk, 2268. . .	8
„	Batoum, 2518	9

C-ie de Navigation Marocaine et Arménienne, et Messageries Maritimes.

Départs sur les trois lignes tous les 28 j.

21. Marseille-Yokohama: Messageries Maritimes, Port-Saïd, Suez, Aden, Bombay, Colombo, Singapour, Shanghaï, Kobé, Yokohama 38

Il faut mentionner encore quelques points de l'Europe, de l'Asie et de l'Amérique entre lesquels le trafic maritime est très animé.

22. Hongkong — Wladivostok: la Nippon Yusen Kaïsha, Swa-taou —1 jours, Amoy—1 j., Shanghaï—3 j., Tchéfou—2 j., Tchémulpo (Djinsan)—1 j., Nagasaki—2 j., Wladivostok — 3 j. 13

10 départs par an par intervalles réguliers de 21 jours.

23. Hongkong—Wladivostok: la N.

1) Londres-Marseille, 6 jours.

Y. K. par Shanghaï (arrêt prolongé); 2717 milles . . . . Jours. 11

24. Shanghaï—Wladivostok: la N. Y. K.; 1134 milles 5

Shanghaï—Port-Arthur. 2

Shanghaï—Yokohama par Nagasaki, Simonosaki (Schimonoseki), Kobé 7

25. Kobé—Wladivostok: la N. Y. K., Simonosaki — 1 j., Nagasaki — 1 j. Fonsan—1 j., Woen-san (Ghen-san)—1 j., Wladivostok — 2 j.; 1069 milles. 6

19 départs par an.

26. Yokohoma—Shanghaï: la N. Y. K., Kobé, Simonosaki, Nagasaki; 1147 milles 7

1 départ par semaine.

27. Yokohoma—Wladivostok: la N. Y. K., Kobé — 1 j., Nagasaki — 3 j., Wladivostok — 3 j.; 1375 milles 7

28. De Yokohama à Port-Arthur par la N. Y. K. 7

29. Copenhague—New-York: Thingvalla Dampskibselskab, 3835 milles . . . . 13—14

30. Southampton—New-York, American Line, 3130 milles 11

31. Liverpool — New-York: White Star Line et Cunard Line, 3010 milles. . 10—11

32. Glasgow—New-York: Ancor Line, 3120 milles 11

Obs. De New-York à San-Francisco par les 4 lignes de chemin de fer suivantes:

Canadian Pacific R-way; Northern Pacific R-way, via Niagara—Chicago; Central Pacific, R-way, via Washington—Chicago, Southern Pacific R-way, via Kansas. De San-Francisco aux ports du Japon, de la Russie d'Asie et de la Chine, v. p.p. 192, 193, 194.

B. Flotte nationale russe.

	Jours.
1. Nouveau Port—Wladivostok, par Cronstadt, Dartmouth, Port-Saïd, Aden, Colombo, Singapour, Shanghaï, Port-Arthur, Nagasaki; 12774 milles	65
Le nombre des départs est variable.	
2. Odessa—Wladivostok: Constantinople — $1^1/_2$ j., Port-Saïd — $3^1/_2$ j., Aden — 6 j., Colombo—8 j., Singapour—8 j., Shanghaï — 9 j, Nagasaki — 3 j., Wladivostok — 3 j.; 9331 milles	42
22 départs, par intervalles de 20 à 25 j.	
3. Odessa — Alexandrovsk (Sakhaline), par Wladivostok, Korsakovsk et retour direct à Wladivostok; 10085 milles . .	59
2 départs au printemps et en automne.	
4. Port-Arthur — Wladivostok, via Nagasaki; 1807 milles	7
Obs. Trajet direct de Port-Arthur à Nagasaki, 5 jours.	
5. Port-Arthur — Shanghaï; 561 mil.	2
6. Wladivostok — Nikolaïevsk, (sur	

l'Amour), par Alexandrovsk, et retour direct à Wladivostok .... Jours. 25

Deux départs par an: le 1 juin et le 25 juillet.

Obs. Wladivostok—Nikolaïevsk, 894 m.— 5 jours.

7. Wladivostok — Pétropavlovsk, (Kamtchatka), par Korsakovsk et les Iles du Commandeur, (village St. Nicolas), et retour direct 37

Une tournée par an, du 18 avril au 26 mai.

Obs. Wladivostok-Pétropavlovsk, 1360 milles — 8 jours.

8. Wladivostok — Aïan, par Korsakovsk, Pétropavlovsk et Nijné-Kamtchatsk; de ce point — retour à Pétropavlovsk et, en passant le premier détroit Kourilien, escales à Tiguil, Guijiguinsk, la baie d'Olsk, Okhotsk, Oudsk, (baie d'Oudsk), Aïan; de là, en doublant le cap S-te Hélène, au nord de Sakhaline, retour à Wladivostok, par Taraïka, dans la baie Terpénié, au sud de Sakhaline, et Korsakovsk 70

Une tournée par an, du 20 juillet au 25 octobre.

Obs. Wladivostok-Aïan, 5540 mil.—20 j.

C. Lignes de la société du chemin de fer Chinois de l'Est.

1. Wladivostok-Shanghaï: Woen-san, (Ghen-san) — 3 j. et Fou-san — 2 j.; Nagasaki — 2 j.; Tchéfou — 3 j., Tchémulpo — 3 j., Shanghaï — 5 j. et retour de même	Jours.	36
7 départs par an, de mars à novembre.		
2. Wladivostok — Nikolaïevsk: la baie de S-te Olga, le port Korsakovsk, le port de l'Empereur, le poste Alexandrovsk, la baie de-Castries, Nikolaïevsk et retour de même		24

Obs. Le trajet direct — Wladivostok à Nikolaïevsk est de 5 jours.

D. La compagnie de navigation à vapeur du Nord: Kotlas — Arkhangel — côte de Mourman.

Nous avons mentionné les considérations qui ont fait entreprendre la construction de la ligne Perm-Kotlas parallèlement à celle du Transsibérien (v. p. 77); ici, nous croyons nécessaire de donner des indications sur le raccordement de cette ligne avec les ports de l'océan Glacial.

Kotlas—Arkhangel: Krasnoborsk, Rakoulki et Tchérevkovo, Toïma, Béresnik, Siia, Oustpinéga 2 j. 12 h.

2 départs par semaine; durée de la période de navigation — indéterminée.

Obs. La compagnie entretient, en outre, le trafic entre Vologda et Oustioug.

Arkhangel—Wardoë: La compagnie d'Arkhangel-Mourman, (ligne de Mourman): Ponoï, les Sept-Iles, (Sem Ostrovow), Port Catherine, Kola, Port Catherine, Port Wladimir, Pétchenga — 5 j., environ.

Durée de la navigation: de fin mai à fin septembre.

Obs. Les bateaux de la compagnie desservent, en outre, les côtes du golfe Matovski.

E. Durée du trajet en chemin de fer (train omnibus).

En 1900 ne seront pas encore terminées les sections suivantes du Transsibérien: la ligne de contour du Baïkal et celle de Nagadan-Rassypnaïa-Pade; par conséquent, à l'ouverture de l'Exposition il y aura encore solution de continuité entre les stations: Barantchouk — Myssovskaïa, et Srétensk — Khabarovsk. Ainsi, en partant de l'ouest, le trajet s'effectuera en chemin de fer jusqu'à Barantchouk; de cet endroit, on traversera le lac Baïkal en bateau à vapeur pour atteindre Myssovskaïa, où l'on reprendra la voie ferrée jusqu'à Srétensk; de là, on descendra la Chilka et l'Amour, jusqu'à Khabarovsk qui est relié à Wladivostok par le chemin de fer (voir § 9). Ce tracé permet d'accomplir le trajet de Paris à Wladivostok en 20 jours 11 heures, ainsi que le font voir les données suivantes: 1) Paris — Wierzbolovo, 1823,1 km. — 34 h. 4 m.; 2) Wierzbolovo — Vilna — Pétersbourg—Moscou, 1536,5 km. — 34 h. 6 m.; 3) Moscou — Tchélabinsk, 2182,0 km. — 65 h. 50 m.; 4) Tchélabinsk — Irkoutsk, 3244,7 km. — 139 h. 23 m.; 5) Irkoutsk — Barantchouk (transbordement), Myssovskaïa—Kaidalovo—Srétensk (transbordement), 1173,8 km. — 44 h. 41 m. selon la prévision d'une vitesse horaire de 26,27 km., actuellement existant sur la ligne Khabarovsk—Wladivostok, où la distance de 764,0 km. est franchie en 29 h. 10 m. Total du parcours en chemin de fer de Paris à Wladivostok 10,724,1 km. — 14 j. 11 h. 14 m.

A cette somme viennent s'ajouter les parcours suivants en bateau à vapeur: Barantchouk — Myssovskaïa, 67,22[1]) km. — 4 h. et Srétensk — Khabarovsk, 2204,42 km. — 140 heures, en tout 2271,62 km. — 6 jours.

Total du trajet de Paris à Wladivostok: 12,865,62 km. — 20 j. 11 h.

Malgré les interruptions entre les stations du Transsibérien indiquées plus haut, nous croyons pouvoir établir, avec une grande probabilité, la durée du trajet le plus court par voie ferrée entre les ports de l'Atlantique et ceux du Pacifi-

---

1) La durée de la traversée (4 heures pour 67,22 km.) s'explique par le retard occasionné par l'embarquement du train sur le bac à vapeur d'un côté du Baïkal, et le débarquement au bord opposé.

que en admettant pour ces sections une moyenne de vitesse égale à celle des trains omnibus sur les lignes qu'elles doivent compléter, savoir: pour Irkoutsk — Barantchouk — Koultouk — Myssovskaïa, ainsi que pour Kaïdalovo — Nagadan, 23,28 km. à l'heure (moyenne actuelle sur la ligne Tchélabinsk — Irkoutsk), et pour Nagadan — Nikolsk — Wladivostok, 26,27 km. (moyenne actuelle sur la ligne Khabarovsk — Wladivostok).

Il est indispensable de noter ici que la lenteur de la traction et la durée prolongée des arrêts sur les lignes russes ont nécessairement pour suite l'abaissement de la moyenne de vitesse horaire, ainsi que le font voir les données suivantes[1]:

	Kilom. à l'heure.
La distance de 1479,60 km. entre Paris et la station Alexandrovo, sur notre frontière ouest, est parcourue en 29 heures 28 minutes, ce qui constitue une moyenne de vitesse horaire de	50,21
Alexandrovo — Moscou, 1531,14 km. — 37 h. 6 m.	41,37
Moscou—Tchélabinsk, 2182,01 km.— 65 h. 50 m.	33,15
Tchélabinsk — Irkoutsk, 3244,74 km. — 139 h. 23 m.	23,28

[1]) Voir les indicateurs des itinéraires et des tarifs de la France, de l'Allemagne, et de la Russie, 1899.

Cependant il est hors de doute que le raccordement complet du Transsibérien avec le réseau des chemins de fer d'Europe aura pour suite l'unification de vitesse.

Après ces explications que nécessite l'état actuel des choses, nous passons à l'indication de la durée du trajet entre Wladivostok[1]) et les ports offrant le maximum de distance d'Europe en extrême Orient dans la direction latitudinale, tels que: Hambourg, Brême, Amsterdam, Anvers, Calais, le Havre, Bordeaux, Marseille, St.-Pétersbourg et Odessa ainsi que quelques points centraux, savoir: Paris, Berlin, Varsovie et Moscou:

1. Hambourg—Wladivostok, 10882 km.— 16 j. 8 h. Hambourg—Wladivostok, par mer № 10 — 28 j., № 13 — 48 j. (p.p. 193, 194).

Obs. I. Hambourg — Berlin — Schneidemühl — Bromberg — Alexandrovo, 686,8 km. — 12 h. 8 m., 56,79 km. à l'heure. Alexandrovo — Varsovie — Brest — Moscou — Toula — Batraki — Sysrane — Tchélabinsk, 3713,2 km. — 107 h. 37 m., 34,50 km. à l'heure. Tchélabinsk — Irkoutsk, 3244,7 km. — 139 h. 23 m., 23,28 km. à l'heure. Irkoutsk — Barantchouk — Koultouk — Myssovskaïa — Kaïdalova — Nagadan, 1514,2 km. — 65 h. 3 m., 23,28 à l'heure. Nagadan —

---

[1]) Ces données sont applicables au port franc projeté de Dalny (voir p. 71).

Razsypnaïa Pade—Nikolsk—Wladivostok, 1722,5 km. — 67 h. 46 m., 26,27 à l'heure.

II. Hambourg — Berlin, 286 km. — 6 h. Berlin — Wladivostok, 10596 km. — 16 jours 2 heures.

2. Brême — Wladivostok, 10,981 km. — 16 j. 10 h. Brème — Wladivostok, par mer № 11 — 28 j., № 14 — 48 j., (v. p.p. 193, 194).

Obs. I. Brême—Hanovre—Stendal—Berlin—Alexandrovo, 786 km. — 14 heures.

II. Alexandrovo —Varsovie —Wladivostok, 10195 km. — 15 j. 20 h. (v. p. 203).

3. Amsterdam —Wladivostok, 11,252 kilomètres — 16 j. 14 h.

Obs. I. Amsterdam — Hengelo—Rheine—Hanovre — Berlin —Alexandrovo, 1057 km.—18 h.

II. Alexandrovo —Wladivostok, 10195 km.—15 j. 20 h.

III. Rotterdam — Amsterdam, 17,6 km. — 21 min. (train omnibus).

Par mer Rotterdam № 15—48 jours (v. p. 194).

4. Anvers —Wladivostok, 11,505 km. — 16 j. 23 h.

Obs. I. Anvers — Bruxelles — Cologne — Berlin —Alexandrovo, 1310 km. — 28 h.

II. Alexandrovo —Wladivostok, 10195 km.— 15 j. 20 h.

Par mer: Anvers —Wladivostok, № 17—42 j. (v. p. 194).

5. Calais — Wladivostok, 11,610 km. — 17 j. 1 h.

Obs. I. Calais — Bruxelles — Herbesthal — Cologne — Magdebourg — Berlin — Alexandrovo, 1415 km. — 29 h.

II. Alexandrovo — Wladivostok, 10,195 km.— 15 j. 20 h.

Londres — Calais: Différentes compagnies, 250 milles — 12 heures. Départs quotidiens.

6. Le Havre — Wladivostok, 11,903 km. — 17 j. 8 h.

Le Havre — Wladivostok, par mer № 18 — 30 j. (v. p. 194).

Obs. I. Le Havre — Paris — Cologne — Berlin — Alexandrovo, 1708 km. — 36 h.

II. Alexandrovo — Wladivostok, 10,195 km.— 15 j. 20 h.,

7. Bordeaux — Wladivostok, 12,260 km.— 17 j. 9 h.

Obs. I. Bordeaux — Orléans — Paris — Liége — Peppinsteer — Herbesthal — Cologne — Dortmund — Hanovre — Berlin — Alexandrovo, 2065 km. — 37 h.

II. Alexandrovo — Wladivostok, 10,195 km.— 15 j. 20 h.

Londres — Bordeaux: Mass. Steam. C°, de 55 à 60 heures. Une fois par semaine.

8. Marseille — Wladivostok, 12,538 km.— 17 j. 20 h.

Marseille — Wladivostok, par mer № 19 — 41 j. (v. p. 195).

Obs. I. Marseille — Lyon — Dijon — Paris — Liège — Berlin — Alexandrovo, 2,348 km.—48 h.

II. Alexandrovo—Wladivostok, 10,195 km.— 15 j. 20 h.

9. Paris—Wladivostok, 11,675 km.—17 j. 1 heure.

Obs. I. Paris — Cologne — Berlin — Schneidemühl —Alexandrovo, 1,480 km. — 29 h.

II. Alexandrovo—Wladivostok, 10,195 km.— 15 j. 20 h.

10. Berlin —Wladivostok, 10,596 km. — 16 j. 2 h.

Obs. I. Berlin —Alexandrovo, 401 km. — 6 h.

II. Alexandrovo —Wladivostok, 10,195 km.— 15 j. 20 h.

11. Varsovie —Wladivostok, № 1: 9969 kilomètres — 15 j. 16 h. (v. p. 203).

Obs. I. Alexandrovo—Varsovie, 225 km.—4 h.

12. St.-Pétersbourg—Wladivostok, 9309 km. — 14 j. 23 h.

Obs. I. St.-Pétersbourg — Moscou, 645 km. — 12 heures.

II. Alexandrovo —Varsovie — Moscou, 1531 kilomètres — 1 j. 9 h.

13. Moscou — Wladivostok, 8664 kilomètres — 14 j. 11 h.

Obs. Alexandrovo —Varsovie — Moscou, 1531 kilomètres — 1 j. 9 h.

14. Odessa—Wladivostok: Birsula—Elisavetgrad—Znamenka—Kharkow—Balachovo—Tavoljenka—Pensa—Sysrane—Tchélabinsk etc. 9484 km.—16 j. 8 h.

Odessa — Wladivostok [1]: Kharkow—Koursk—Moscou—Tchélabinsk etc. 10,333 km.—16 j. 23 h.

Par mer № 2, 9331 milles—42 j. (v. p. 197).

Ces données font voir que, malgré la moyenne minima de vitesse sur les lignes du territoire asiatique, une économie notable est déjà réalisée, tant pour le transport des voyageurs, que pour le service des postes et télégraphes. D'un autre côté, l'abaissement des tarifs et l'unification de vitesse sur tout le parcours de l'Atlantique au Pacifique ne manquera pas d'attirer les marchandises, même de moindre valeur, à cause des avantages offerts par le transport en chemin de fer, comparativement à la route maritime.

F. Durée du transport par le chemin de fer.

Les premières sociétés internationales de transit furent formées en 1865. A l'heure actuelle, l'activité des quatre sociétés: Russo-Germano-Néerlandaise, la Russo-Belge-Française, la Russo-Austro-Hongroise et la Russo-Austro-Hongroise-Italienne s'étend sur la presque tota-

[1] Itinéraire plus long, mais plus commode.

lité du réseau des chemins de fer de l'Europe et de l'Asie occidentale.

Spécialement en Russie le „Bureau des communications internationales" se charge de l'expédition des voyageurs et des marchandises entre les principaux centres commerciaux de l'Angleterre, de la France, de la Belgique, de l'Allemagne, de l'Autriche-Hongrie, de l'Italie et de la Russie.

Le Bureau prend à charge, en outre, l'expédition par les lignes suivantes: au nord — par Arkhangel, Nouveau Port (Pétersbourg), Réval, Riga, et Libau; au sud-par Odessa. Le même Bureau est en rapport avec les Sociétés de navigation à vapeur qui, en vertu de contrats passés avec les chemins de fer russes, entretiennent le trafic entre les ports de la Russie et de l'étranger. La direction du Bureau est confiée à M. L. Perl, délégué des deux ministres des finances et des voies de communication.

Nous indiquerons de même les circonstances dévaforables à la rapidité du transport:

1. Sur beaucoup de lignes de Russie, particulièrement sur celles de Sibérie, pour éviter les frais occasionnés par les tranchées et les remblais, les rampes atteignent fréquemment 0,006, ce qui entraîne ou la réduction du nombre des wagons, ou bien le doublement du nombre des locomotives sur ces rampes. En France sur le chemin du fer du Nord, dont le profil est

fort accidenté, on a introduit, parallèlement à la traction à vapeur, la traction électrique, en vue d'augmenter la force motrice.

2. La largeur des rails, plus considérable sur les lignes russes que sur celles de l'étranger [1]), rend nécessaire le transbordement à la frontière. Pour obvier à cet inconvénient, le représentant de la ligne Marienbourg — Mlava, M. Breitsprecher, à la conférence des représentants de Société Russo-Germano-Néerlandaise, a indiqué les modifications à apporter au matériel roulant, en vue l'adaptation de l'essieu aux voies de différentes largeur.

3. La moyenne de vitesse est actuellement de 297,48 km. par 24 heures sur les lignes: Tchélabinsk—Kotlas, Nouveau Port, Réval, Riga, Libau, Wierzbolovo, Graïévo, Mlava, Alexandrovo, Sosnovitsy, Granitza, Radsivillow, Wolotchisk et Novosélitsy. Cette moyenne sera sans doute majorée sur toute l'étendue du réseau, quand sera possible une évaluation approximative du nombre des wagons requis pour le trafic ininterrompu sur la voie transsibérienne [2]).

Pour nos indications sur la durée du trans-

---

[1]) Cette largeur n'est identique que sur les lignes Varsovie—Vienne et Ivangorod—Dombrovo.

[2]) L'introduction de ces perfectionnements sur les lignes russes ne manquera pas de donner un nouvel essor aux relations commerciales de la Russie avec les états européens.

port direct des points de l'ouest de l'Europe ci-dessus mentionnés à Wladivostok, nous avons pris pour base une vitesse de 297,48 km. par 24 heures. De Wladivostok.

par . . .	Wierzbolovo		Graïevo		Alexandrovo	
à:	distance	durée	distance	durée	distance	durée
Hambourg . . .	km. 10,829	36 j. 10 h.	km. 10,920	36 j. 17 h.	km. 10,882	36 j. 1 h.
Brême	10,928	36 18	11,019	37 1	10,981	36 22
Amsterdam. . .	11,199	37 15	11.290	37 23	11,252	37 20
Anvers	11,634	39 8	11,725	39 10	11,505	38 16
Calais.	11,715	39 9	11,806	39 16	11,610	39 1

Obs. Le Havre, Bordeaux et Marseille ne rentrant pas dans le nombre des points qui entretiennent un trafic international direct, comme c'est le cas pour les 5 ports énumérés plus haut, il ne nous est pas possible de donner des indications sur la durée du transport de ces ports à l'extrême Orient.

2° Tous les trains omnibus de l'Europe se dirigeant sur l'Orient par Berlin, nous croyons nécessaire de donner ici sur la durée du transport en chemin de fer Berlin à Wladivostok, les indications suivantes: par Wierzbolovo, 10,543,0 km.—35 j. 11 h.; par Alexandrovo, 10,596 km.—35 j. 15 h.; par Graïévo, 10,634 km.—35 j. 18 h. environ.

Pour la définition de la durée du transport par Wierzbolovo et Graïévo, il est à remarquer que la Société internationale de transit assigne 48 heures pour le transbordement d'Eidtkuhnen à Wierzbolovo, et de Prostkehnen à Graïévo.

	Distance.	Durée.
3° Kotlas—Wladivostok: Viatka, Perm, Ekathérinbourg, Tchélabinsk etc.	km. 8,098	27 j. 5 h.
Nouveau-Port—Wladivostok: Moscou, Sysrane, Tchélabinsk etc.	9,209	30 23
Réval—Wladiv.: Tossna, Moscou, Sysrane, Tchélabinsk etc.	9,518	32 0
Riga—Wladiv.: Pskov, Bologoé, Moscou, Sysrane, Tchélabinsk etc.	9,550	32 2
Libau—Wladiv.: Mojeïki, Riga, Pskov, Bologoé, Moscou, Sysrane, Tchélabinsk etc.	9,788	32 22

Les détails contenus dans cet appendice font ressortir tous les avantages que le Transsibérien offre aux peuples de l'Europe, de l'Asie, et même de l'Amérique, à cause de la direction exceptionnellement favorable du tracé de cette grandiose voie de transit.

Obs. 1. L'Anglais Scrine a proposé un tracé à travers la Perse à Karatchi.

2. L'Anglais Moreing a donné le projet d'un

chemin de fer qui sans toucher les frontières de la Russie, relierait l'Egypte à la Chine en traversant le nord de l'Arabie, la Perse, le Béloutchistan, les Indes anglaises et la Birmanie.

Annexe 4.

LISTE DES ÉDITIONS CONSULTÉES POUR LA NOTICE ET LES APPENDICES.

Nous avons cru nécessaire de donner la liste des éditions où le lecteur trouvera des détails sur les contrées parcourues et les résultats des explorations des voyageurs mentionnés dans le 2-e annexe. Ces mêmes éditions ont été consultées par nous pour la Notice et les appendices.

EDITIONS ALLEMANDES.

1⁰ Mittheilungen aus Justus Perthes' geographischer Anstalt über wichtige neue Erforschungen auf dem Gesammtgebiete der Geographie, von Dr. A. Petermann.

2⁰ Cartes allemandes de différentes parties de la Russie, surtout les belles publications de l'établissement cartographique si connu de Justus Perthes, à Gotha.

3⁰ Reisen im Amur-Lande und auf der Insel Sachalin, im Auftrage der Kaiserlich-Russischen Geographischen Gesellschaft ausgeführt von Mag. Fr. Schmidt. Ouvrage paru dans les Mémoires de l'Académie Impériale des sciences de St.-Pétersbourg (VII. Série Tome XII, № 2).

4⁰ Karten-Atlas du Dr. A. Middendorff. Reise in den äussersten Norden und Osten Sibiriens.

EDITIONS ANGLAISES.

1⁰ Geographical Journal. Published for the Proceedings of the Royal Geographical Society.

2⁰ Scottish Geographical Magazine.

3⁰ L'édition de la Société géographique de Londres „Year-Book and Record", 1898, contient une liste fort intéressante de voyageurs.

4⁰ Compte rendu sur les travaux géodésiques exécutés dans l'Inde et les pays limitrophes par Strachey, capt. anglais.

EDITIONS FRANÇAISES.

1⁰ L'Année cartographique. Suppléments annuels à toutes les publications de Géographie et de Cartographie, dressés et rédigés sous la direction de F. Schrader.

2⁰ Le Tour du Monde, fondé en 1860 par Ed. Charton.

3⁰ M. Vénukoff, ancien secrétaire général

de la Société de Géographie de Russie, „Etudes géographiques“, éditées en 1896 à Paris.

EDITIONS RUSSES.

1⁰ Histoire du cinquantenaire 1845—1895 de l'activité de la S. I. R. G., par Mr. P. Séménoff, conseiller privé, vice-président de la Société. 3 vol. St.-Pétersbourg, 1896.

2⁰ Bulletins (Izvéstia) de la S. I. R. G., publiés 6 fois par an, sous la rédaction du secrétaire général de la Société, Mr. A. Grigorief, conseiller d'état actuel.

3⁰ Recueil de matériaux géographiques, topographiques et statistiques sur l'Asie, publié sous la rédaction du chef de bureau de la section scientifique de l'Etat-major, le lieutenant-général B. Sollogoub. LXXV livraisons.

4⁰ Le journal Sibirsky Vestnik (Messager de Sibérie), qui a cessé de paraître. Irkoutsk.

5⁰ Bulletins de la Section Est-Sibérienne de la S. I. G. R. Edition trimestrielle. Irkoutsk. Mémoires de la même Section, édition non périodique. Irkoutsk.

6⁰ Voyage du baron Gérard de Maydell au nord-est du territoire d'Iakoutsk de 1868—1870. Edition de l'Académie des Sciences. St.-Pétersbourg. 1894—1896.

7° Voyage de S. A. I. le CÉSARÉVITCH NICOLAS ALEXANDROVITCH de Gatchina à Bombay, en 1891, par B. Krivenko.

8° Voyage de S. A. I. le Grand-duc Héritier NICOLAS ALEXANDROVITCH, de 1890—91. Edition de luxe, remarquablement rédigée par l'éditeur même, le prince E. Oukhtomsky; illustrations par N. Karazine.

9° Carte de ce voyage. Edition de la Société Impériale de Sauvetage.

10° Travaux géodésiques ayant trait à la construction du Transsibérien. E. Koverski.

Annexe 5.

EXPLICATION DES VIGNETTES ALLÉGORIQUES.

I. Les dimensions du cadre de notre carte ne nous permettant pas de représenter une série suivie et complète de vignettes illustrant les moments les plus importants de la vie nouvelle à laquelle est appelée la Sibérie, la talentueuse artiste qu'est M-me E. Samokich-Soudkovsky a dû se borner à quelques épisodes détachés du voyage de l'EMPEREUR NICOLAS II, de 1890—91, et de la construction du Transsibérien.

Le voyage de S. M. à travers la Sibérie ayant eu pour point de départ la ville de Wladivostok, les illustrations placées sur le côté droit du cadre se suivent dans la direction de l'Est à l'Ouest.

1. La frégate „Pamiat Azova" à l'ancre dans la mer du Japon, en vue du port de Wladivostok (p. 16).

2. S. M. inaugurant les travaux de la voie

transsibérienne en poussant une brouettée de terre (p. 18).

3. S. M. montant dans le premier train lancé sur la nouvelle voie pour se rendre à l'emplacement de la gare projetée (p. 19); soldats continuant les travaux inaugurés par le SOUVERAIN.

4. Groupe d'ouvriers chinois occupés à la construction d'un pont en pierre, genre de travaux dans lequel les Chinois sont particulièrement habiles.

5. Groupe de forçats employés pour les travaux de terrassement; l'élévation au second plan est la: „Fénina Gora", bien connue des voyageurs en Extrême Orient.

Les vignettes de la partie gauche du cadre sont disposées en sens inverse, de l'Ouest à l'Est.

I. Les usines qui ont fourni les matériaux pour toute la ligne principale, Tchélabinsk — Wladivostok et ses embranchements, étant situées dans l'Oural, nous avons placé ici une vignette représentant un chemin dans ces montagnes, ainsi qu'une vue de l'usine de Zlatooust.

Obs. Zlatooust est situé dans la partie la plus élevée et la plus pittoresque de la chaîne de l'Oural, à 160 km. à l'ouest de Tchélabinsk. L'usine a été fondée en 1754.

Le II-e médaillon qui représente le monument de l'EMPEREUR ALEXANDRE II, à Zlatooust, avec l'inscription: „AU TSAR LIBÉ-

RATEUR", fait pendant au médaillon de même dimension, placé du côté opposé et reproduisant le moment où l'EMPEREUR NICOLAS II donne au peuple affranchi l'exemple du travail, qui seul mène à la prospérité.

III. Travaux de construction d'un pont sur le Tchoulym (p. 33), et barques transportant les pierres.

IV. Emigrants occupés à la construction d'un pont temporaire de bois sur la Lébiajia, affluent de l'Irtych (p. 32).

V. Halte d'émigrants près du bourg de Krivostchokovo (p. 45).

Le groupe allégorique placé entre les deux séries de vignettes symbolise la puissante protection accordée par l'aigle impériale de Russie au travail dont on voit les représentants, un mineur, un ouvrier des usines, un terrassier, un charpentier, un maçon etc., groupés à l'ombre de ses ailes tutélaires.

II. La vignette allégorique de la première page, exécutée par l'académicien N. Samokich, symbolise le sujet de notre Notice. Le tableau synoptique placé au plan central représente la partie de la surface du globe parcourue par S. M. l'EMPEREUR NICOLAS II, en 1890—91, et le tracé du Transsibérien, qui constitue le dernier anneau de la grande chaîne appelée à relier, vers la fin du siècle, les bords de l'océan Atlantique à ceux du Pacifique.

Les Amours qui, aux coins opposés du cadre, soutiennent les bouts du ruban allégorique, ainsi que le Génie de la paix qui le retient par le milieu, symbolisent le lien de fraternité entre les peuples.

Annexe 6.

TABLE ALPHABÉTIQUE DES NOMS MENTIONNÉS DANS LA NOTICE.

ERRATA.

Au lieu de:	*lire:*	*page*	*ligne*
manuscript	manuscrit	XXII	30
carrées	carrés	3	20
(pleines)	(plaines)	48	9
la	le	69	10
à Nouvelle Zemble	à la Nouvelle Zemble	111	9
à Nouvelle Zemble	à la Nouvelle Zemble	111	20
Ievréinoff	Yevréinoff	117	25
transcaspien dans	transcaspien et dans	129	23
à 1870, pendant	à 1870 et pendant	130	26
affluent	confluent	152	27
confluent	affluent	154	14
de la chaîne	la chaîne	163	8
les levés	des levés	175	29
de Thibet	du Thibet	177	22
jointe	joint	181	8

Printed in Dunstable, United Kingdom

91219497R00147